연산의 발견

12권

초등
6학년

──── "엄마, 고마워!"라는 말을 듣게 될 줄이야! ────

모든 아이들은 공부를 잘하고 싶어 한다. 부모가 아이의 잘하고 싶은 마음에 대해 믿음을 가지고 도와주는 것이 중요하다. 무작정 이것저것 많이 시켜 부담을 주는 것이 아니라 부모가 내 공부를 도와주고 있다는 마음이 전해지면 아이는 신이 나서 공부를 한다. 수학 공부에 있어서는 꼼꼼하게 비교해 좋은 문제집을 추천해주는 것이 바로 그 마음이 될 것이다. 『개념연결 연산의 발견』을 가까운 초등 부모들에게 미리 주어 아이들이 풀어보도록 했다. 많은 부모들이 아이가 문제 푸는 재미에 푹 빠졌다고 했으며, 문제뿐만 아니라 친절한 개념 설명과 고학년까지 연결되는 개념의 연결에 열광했다. 아이들이 겪게 되는 수학 공부의 어려움을 꿰뚫고 있는 국내 최고의 수학교육 전문가와 현직 교사들의 합작품답다. 아이의 수학 때문에 고민하는 부모들에게 자신 있게 추천한다. 이 책은 마지못해 억지로 하는 공부가 아니라 자발적으로 자신의 문제를 해결해가는 성취감을 맛보게 해줄 것이다. "엄마 덕분에 수학에 자신감이 생겼어요!" 이렇게 말하는 아이의 모습이 그려진다.

박재원(사람과교육연구소 부모연구소장)

연산을 새롭게 발견하다!

잘못된 연산 학습이 아이를 망친다

아이의 수학 공부 때문에 골치 아파하는 초등 부모님을 많이 만났습니다. "이러다 '수포자'가 되면 어떡하나요?" 하고 물어 오는 부모님을 만날 때마다 수학의 본질이 무엇인지, 장차 우리 아이들이 초등 시절을 지나 중·고등학생이 되었을 때 수학 공부가 재미있고 고통이지 않으려면 어떻게 해야 하는지, 근본적인 고민을 반복했습니다. 30여 년 중·고등학교에서 수학을 가르치며 아이들에게 초등수학 개념이 많이 부족함을 느꼈고, 초등학교 때의 결손이 중·고등학교를 거치며 눈덩이처럼 커지는 것을 목도했습니다. 아이러니하게도 중·고등학교 현장을 떠난 후에야 초등수학을 제대로 공부할 기회가 생겼고, 학생들의 수학 공부법을 비로소 정립할 수 있어 정말 행복했습니다. 그러나 기쁨도 잠시, 초등 부모님들의 고민은 수학의 본질이 아니라 눈앞의 점수라는 사실을 알게 되었습니다. 결국 연산이었지요. 연산이 수학의 기초임은 두말할 나위 없는 사실인데, 오히려 수학 공부에 장해가 될 줄은 꿈에도 생각지 못했습니다. 초등수학 교과서를 독파하고도 깨닫지 못한 현실을 시중에 유행하는 연산 학습법이 알려주었습니다. 교과서는 연산의 정확성과 다양성을 추구합니다. 그리고 이것이 연산 학습의 본질입니다. 그런데 시중의 연산 학습지 대부분은 정확성과 다양성보다 빠른 계산 속도와 무지막지한 암기를 유도합니다. 그리고 상당수 부모님이 이것을 받아들여 아이들을 속도와 암기에 몰아넣습니다.

좌절감과 열등감을 낳는 연산 학습

속도와 암기는 점수를 높여줄 수 있다는 장점을 갖지만, 그보다 많은 부작용을 안고 있습니다. 빠른 계산 속도에 대한 집착은 아이에게 좌절감과 열등감을 줍니다. 본인의 계산 속도라는 것이 있는데 이를 무시하고 가장 빠른 아이의 속도에 맞추기만 하면 무한의 속도 경쟁에서 실패자가 되기 쉽습니다. 자기 속도에 맞지 않으면 자기주도가 될 수 없으니 타율 학습이 됩니다. 한쪽으로 자기주도학습을 강조하면서 연산 학습에서는 타율 학습을 강요하면 아이들의 '자기주도'는 점점 멀어질 수밖에 없습니다. 또 무조건적인 암기는 이해를 동반하지 않으므로 아이들이 수학을 암기 과목으로 여기게 만들고, 이 때문에 많은 아이가 중·고등학교에 올라가 수학을 싫어하게 됩니다. 아이들은 연산 공부와 여타의 수학 공부를 달리 보지 못합니다. 연산을 공부할 때처럼 모든 수학 공부를 무조건적인 암기와 빠른 시간 안에 답을 맞혀야 한다고 생각합니다. 이러한 생각은 중·고등학교를 넘어 평생 갑니다. 그래서 성인이 된 뒤에도 자신의 자녀들에게 이런 식의 연산 학습을 시키는 데 주저하지 않게 됩니다.

수학이 좋아지는 연산 학습을 개발하다

이 두 가지 부작용을 해결하기 위해 많은 부모님을 설득했지만 대안이 없었습니다. 부모님 스스로 해결하는 경우가 드물었습니다. 갈수록 피해가 커지는 현상을 막아야겠다고 결심했습니다. 그래서 현직 초등 교사들과 의논하고 이들을 설득해 초등 연산 학습을 정리하고 그 결과를 책으로 내게 되었습니다. 교사들이 나서서 연산 학습을 주도한다는 비난을 극복하고 연산을 새롭게 발견하는 기회를 제공해야 한다는 일념으로 이 책을 만들었습니다. 우리 아이가 처음으로 접하는 수학인 연산은 즐거워야 합니다. 아이를 사랑하는 마음으로 제대로 된 연산 문제집을 만들어보자고 했을 때 흔쾌히 따라준 개념연산팀 선생님들에게 감사드립니다. 지난 4년여 동안 휴일과 방학을 반납하고 학생들의 연산 학습 실태 조사, 회의와 세미나, 집필 등에 온 힘을 쏟아주셨습니다. 그리고 먼저 문제를 풀어보고 다양한 의견을 주신 박재원 소장님과 부모님들께 감사의 말씀을 전합니다.

전국수학교사모임 개념연산팀을 대표하여

최수일 씀

연산의 발견은 이런 책입니다!

❶ 개념의 연결을 통해 연산을 정복한다

기존 문제집들이 문제 풀이 중심인 반면, 『개념연결 연산의 발견』은 관련 개념의 연결과 핵심적인 개념 설명으로 시작합니다. 해당 문제가 이해되지 않으면 전 단계의 문제를 다시 풀고, 확장된 내용이 궁금하면 다음 단계 개념에 해당하는 문제를 바로 풀어볼 수 있는 장치입니다. 스스로 부족한 부분이 어디인지 쉽게 발견하여 자기주도적으로 복습 혹은 예습을 할 수 있습니다. 개념연결을 통해 고학년이 되어서도 결코 무너지지 않는 수학의 기초 체력을 키울 수 있습니다. 연산을 구조화시켜 생각하게 만드는 개념연결은 1~6학년 연산 개념연결 지도를 통해 한눈에 확인할 수 있습니다. 연산을 공부할 때부터 개념의 연결을 경험하면 수학 전체를 공부할 때도 개념을 연결하는 습관을 가질 수 있습니다.

❷ 현직 교사들이 집필한 최초의 연산 문제집

시중의 문제집들과 달리, 30여 년간 수학교사로 근무하고 수학교육의 혁신을 위해 시민단체에서 활동하고 있는 최수일 박사를 팀장으로, 수학교육 석·박사급 현직 교사들이 중심이 되어 집필한 최초의 연산 문제집입니다. 교육 경험이 도합 80년 이상 되는 현직 교사들의 현장감과 전문성을 살려 문제를 풀며 저절로 개념을 연결시키는 연산 프로그램을 만들었습니다. '빨리 그리고 많이'가 아닌 '제대로 그리고 최소한'으로 최대의 효과를 얻고자 했습니다. 내용의 업그레이드뿐 아니라 형식에서도 현직 교사들의 경험을 반영해 세세한 부분까지 기존 문제집의 부족한 부분을 개선했습니다. 눈의 피로와 지우개질까지 생각해 연한 미색의 질긴 종이를 사용한 것이 좋은 예가 될 것입니다.

❸ 설명하지 못하면 모르는 것이다 -선생님놀이

아이들은 연산에서 실수가 잦습니다. 반복된 연산 훈련으로 개념을 이해하지 못하고 유형별, 기계적으로 문제를 마주하기 때문입니다. 연산 실수는 훈련으로 극복되기도 하지만 이는 근본적인 해법이 아닙니다. 답이 맞으면 대개 이해했다고 생각하며 넘어가는데, 조금 지나면 도로 아미타불인 경우가 많습니다. 답이 맞았다고 해도 풀이 과정을 말로 설명하지 못하면 개념을 이해하지 못한 것입니다. 그래서 아이가 부모님이나 친구 등에게 설명을 하는 문제를 실었습니다. 아이의 설명을 잘 들어보고 답지의 해설과 대조해보면 아이가 문제를 얼마만큼 이해했는지 알 수 있습니다.

❹ 문제를 직접 써보는 것이 중요하다 -필산 문제

개념을 완벽하게 이해하기 위해 손으로 직접 써보는 문제를 배치했습니다. 필산은 계산의 경로가 기록되기 때문에 실수를 줄여주며 논리적 사고력을 키워줍니다. 빈칸 채우는 문제를 아무리 많이 풀어도 직접 식을 써보지 않으면 연산 학습에서 큰 효과를 기대하기 어렵습니다. 요즘 아이들은 숫자를 바르게 써서 하나의 식을 완성하는 데 어려움을 겪는 경우가 많습니다. 연산 학습은 하나의 식을 제대로 써보는 것이 그 시작입니다. 말로 설명하고 손으로 기록하면 개념을 완벽하게 이해할 수 있습니다.

❺ '빠르게'가 아니라 '정확하게'!

초등에서의 연산력은 중학교 이상의 수학을 공부하는 데 기초가 됩니다. 중·고등학교 수학은 복잡한 연산을 요구하지 않습니다. 주어진 문제를 이해하여 식을 쓰고 차근차근 해결해나가는 문제해결능력이 더 중요합니다. 초등학교 때부터 문제를 빨리 푸는 것보다 한 문제라도 정확하게 정리하고 풀이 과정이 잘 드러나도록 식을 써서 해결하는 습관이 중·고등학교에 가서 수학을 잘하는 비결입니다. 우리 책에서는 충분히 생각하면서 문제를 풀도록 시간에 제한을 두지 않았습니다. 속도는 목표가 될 수 없습니다. 이해가 되면 속도는 자연히 따라붙습니다.

❻ 학생의 인지 발달에 맞는 문제 분량

연산은 아이가 처음 접하는 수학입니다. 수학은 반복적으로 훈련하는 것이 아니라 생각의 힘을 키우는 학문입니다. 과도하게 많은 문제를 풀면 수학에 대한 잘못된 선입관을 갖게 되어 수학 과목 자체가 싫어질 수 있습니다. 우리 책에서는 아이들의 발달 단계에 따라 개념이 완전히 내 것이 될 수 있도록 학년별로 적절한 수의 문제를 배치해 '최소한'으로 '최대한'의 효과를 낼 수 있도록 했습니다.

❼ 문제 중간 튀어나오는 돌발 문제

한 단원 내에서 똑같은 유형의 문제가 반복적으로 나오면 생각하지 않고 기계적으로 문제를 풀게 됩니다. 연산을 어느 정도 익히면 자동화되는 경향이 있기 때문입니다. 이런 경우 실수가 생기고, 답이 맞을 수는 있지만 완전히 아는 것이 아닐 수 있습니다. 우리 책에는 중간중간 출몰하는 엉뚱한 돌발 문제로 생각의 끈을 놓을 수 없는 장치를 마련해두었습니다. 어떤 문제를 맞닥뜨려도 해결해나가는 힘을 기를 수 있습니다.

❽ 일상의 수학을 강조하다 −문장제

뇌과학적으로 우리의 기억은 일상에 활용할만한 가치가 있는 것을 저장하고, 자기연관성이 있으면 감정을 이입하여 그 기억을 오래 저장한다고 합니다. 우리 책은 일상에서 벌어지는 다양한 상황을 문제로 제시합니다. 창의력과 문제해결능력을 향상시켜 계산이 전부가 아니라 수학적으로 생각하는 힘을 키워줍니다.

12권

초등
6학년

차례

교과서에서는?

1단원 분수의 나눗셈

1학기 때 학습한 (자연수)÷(자연수), (분수)÷(자연수)의 계산 원리와 방법을 바탕으로 (자연수)÷(단위분수), (분수)÷(분수), (자연수)÷(분수)의 계산 원리와 방법을 공부해요. 이때, 분모가 같은 경우와 다른 경우를 구분해서 연습해요. (분수)÷(분수)는 (분수)×$\frac{1}{(분수)}$로 고쳐서 계산할 수 있어요.

교과서에서는?

2단원 소수의 나눗셈

(소수)÷(소수)를 자연수의 나눗셈과 분수의 나눗셈으로 바꾸어 계산하는 방법을 공부해요. 이때, 소수의 자릿수가 같은 경우와 같지 않은 경우를 구분하고, 나누어떨어지지 않거나 계산이 복잡한 경우 몫을 반올림하여 나타내요. 또 소수의 나눗셈을 생활과 연결하여 나누어 주고 남은 양을 알아봐요.

12권에서는 무엇을 배우나요

1학기 때 학습한 분수의 나눗셈과 소수의 나눗셈을 확장하여 다양한 형태의 분수의 나눗셈과 소수의 나눗셈의 계산 원리와 방법을 배웁니다. 1학기 때 학습한 비와 비율과 연결하여 비례식과 비례배분을 배우고, 비와 비례식의 성질을 활용하여 생활 속 문제들을 해결해 봅니다. 원의 넓이에서는 원주율을 이용하여 원주와 원의 넓이를 구하는 방법을 학습하고, 원의 넓이를 활용하여 다양한 모양의 넓이를 구합니다.

교과서에서는?

4단원 비례식과 비례배분

비의 성질을 발견하고 비율이 같은 비를 찾아봐요. 비율이 같은 두 비를 통해 비례식을 이해하고, 비례식에서 외항의 곱과 내항의 곱이 같다는 비례식의 성질을 통해 □의 값을 구해요. 전체를 주어진 비로 배분하는 비례배분을 이해하고 생활 속에서 경험해 보세요.

교과서에서는?

5단원 원의 넓이

원의 지름과 둘레 사이의 일정한 비율인 원주율을 이용해서 원주와 원의 넓이를 구하는 방법을 공부해요. 원을 한없이 작게 분할하여 직사각형의 넓이를 구하는 방법을 토대로 원의 넓이를 구하는 방법도 공부해요. 원의 넓이를 활용하여 다양한 모양들의 넓이를 구할 수 있어요.

연산의 발견 사용 설명서

나?
내 이름은
똑개!

똑똑한 개념연결,
똑개야!

각 단계의 제목

새 교육과정의
교과서 진도와 맞추었어요.
학교에서 배운 것을 바로 복습하며
문제를 풀어봐요. 하루에 두 쪽씩
진도에 맞춰 문제를 풀다 보면
나도 연산왕!

개념연결

구체적인 문제와 문제의 연결로 이루어져 있어요.
실수가 잦거나 헷갈리는 문제가 있다면
전 단계의 개념을 완전히 이해 못한 것이에요.
자기주도적으로 복습 혹은 예습을 할 수 있게 도와줍니다.

배운 것을 기억해 볼까요?

이전에 학습한 내용을 알고 있는지
확인해보는 선수 학습이에요.
개념연결과 짝을 이뤄 학습 결손이
생기지 않도록 만든 장치랍니다.
배웠다고 넘어가지 말고 어떻게 현 단계와
연결되는지 생각하면서 문제를 풀어보세요.

30초 개념

교과서에 나와 있는 개념 설명을 핵심만 추려
정리했어요. 해당 내용의 주제나 정리를
제목으로 크게 넣었어요. 제목만 큰 소리로 읽어봐도
개념을 이해하는 데 도움이 될 거예요.
그 아래에는 자세한 개념 설명과 풀이 방법을 넣었어요.

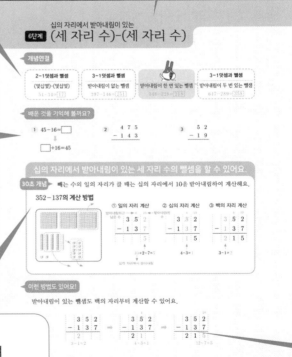

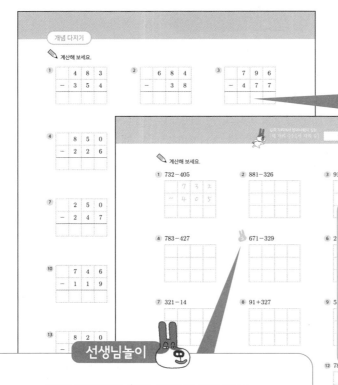

개념 다지기

개념 익히기보다 약간 난이도가 높은 실전 문제들이에요. 특히 개념을 완벽하게 이해하도록 도와주는, 손으로 직접 쓰는 필산 문제가 들어 있어요. 필산을 하면 계산 경로가 기록되기 때문에 실수가 줄고 논리적 사고력이 길러져요.

돌발 문제

똑같은 유형의 문제가 반복되면 생각하지 않고 문제를 풀게 되지요. 하지만 문제 중간에 엉뚱한 돌발 문제가 출몰한다면 생각의 끈을 놓을 수 없을 거예요. 덤으로, 어떤 문제를 맞닥뜨려도 풀어낼 수 있는 힘을 얻게 된답니다.

선생님놀이

답이 맞았다고 해도 풀이 과정을 말로 설명하지 못하면 개념을 이해하지 못한 거예요. 부모님이나 친구에게 설명을 해보세요. 그리고 답지에 나와 있는 모범 해설과 대조해보면 내가 이 문제를 얼마만큼 이해했는지 알 수 있을 거예요.

개념 키우기

일상에서 벌어지는 다양한 상황이 서술형 문제로 나옵니다. 새 교육과정에서 문장제의 비중이 높아지고 있습니다. 문장제는 생활 속에서 일어나는 상황을 수학적으로 이해하고 식으로 써서 답을 내는 과정이 중요한 문제로, 수학적으로 생각하는 힘을 키워줘요.

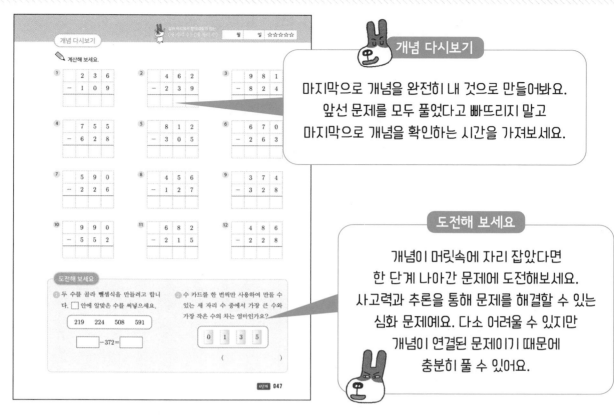

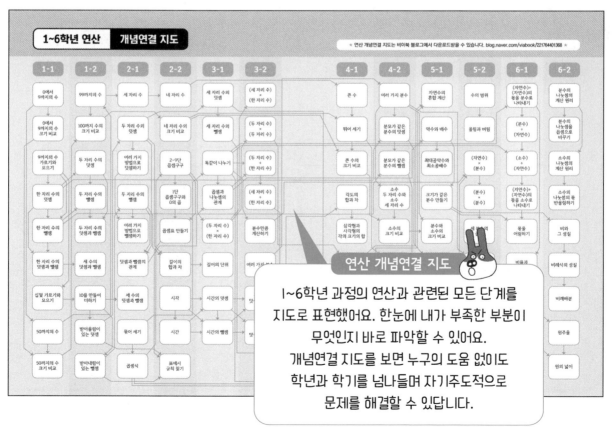

(자연수)÷(단위분수)

개념연결

6-1분수의 나눗셈	(자연수)÷(단위분수)	6-2분수의 나눗셈	6-2분수의 나눗셈

6-1분수의 나눗셈

(분수)÷(자연수)를 분수의 곱셈으로 나타내기

$\frac{2}{8} \div 2 = \frac{2}{8} \times \frac{1}{2} = \boxed{\frac{1}{8}}$

(자연수)÷(단위분수)

$2 \div \frac{1}{4} = \boxed{8}$

6-2분수의 나눗셈

(자연수)÷(분수)

$2 \div \frac{3}{5} = \boxed{3\frac{1}{3}}$

6-2분수의 나눗셈

(분수)÷(분수)를 (분수)×(분수)로 나타내기

$\frac{1}{2} \div \frac{2}{3} = \frac{1}{2} \times \frac{3}{2} = \boxed{\frac{3}{4}}$

배운 것을 기억해 볼까요?

1 (1) $\frac{5}{6} \times \frac{2}{3} =$

  (2) $1\frac{1}{4} \times \frac{3}{5} =$

2 (1) $\frac{3}{9} \div 3 =$

  (2) $2\frac{2}{5} \div 4 =$

(자연수)÷(단위분수)를 할 수 있어요.

30초 개념　(자연수)÷(단위분수)는 자연수와 단위분수의 분모를 곱하여 계산해요.

$2 \div \frac{1}{3}$의 계산

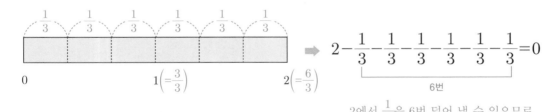

$2 - \frac{1}{3} - \frac{1}{3} - \frac{1}{3} - \frac{1}{3} - \frac{1}{3} - \frac{1}{3} = 0$

6번

2에서 $\frac{1}{3}$을 6번 덜어 낼 수 있으므로 몫은 6이에요.

방법　나눗셈식을 곱셈식으로 바꾸어 계산하기

$2 \div \frac{1}{3} = 2 \times 3 = 6$

(분수)÷(자연수)=(분수)×$\frac{1}{(자연수)}$을 이용하여

(자연수)÷(단위분수)도 같은 방법으로 계산해요.

개념 익히기

✏️ 나누는 분수만큼을 그림으로 나타내어 답을 구해 보세요.

1 $1 \div \dfrac{1}{4} = \boxed{}$

$0 \quad \dfrac{1}{4} \quad \dfrac{1}{4} \quad \dfrac{1}{4} \quad \dfrac{1}{4} \quad 1$

1에서 $\dfrac{1}{4}$ 을
몇 번 덜어 낼 수 있는지
그림으로 알아봐요.

2 $1 \div \dfrac{1}{3} = \boxed{}$

$0 \hspace{6cm} 1$

3 $1 \div \dfrac{1}{6} = \boxed{}$

$0 \hspace{4cm} 1$

✏️ ☐ 안에 알맞은 수를 써넣으세요.

자연수에
단위분수의 분모를 곱해요.

$$\blacktriangle \div \dfrac{1}{\bullet} = \blacktriangle \times \bullet$$

4 $1 \div \dfrac{1}{2} = \boxed{} \times \boxed{} = \boxed{}$

5 $1 \div \dfrac{1}{9} = \boxed{} \times \boxed{} = \boxed{}$

6 $1 \div \dfrac{1}{7} = \boxed{} \times \boxed{} = \boxed{}$

7 $1 \div \dfrac{1}{10} = \boxed{} \times \boxed{} = \boxed{}$

8 $1 \div \dfrac{1}{12} = \boxed{} \times \boxed{} = \boxed{}$

☐ 안에 알맞은 수를 써넣으세요.

1 $2 \div \dfrac{1}{4} = \boxed{2} \times \boxed{4} = \boxed{}$

2 $3 \div \dfrac{1}{4} = \boxed{} \times \boxed{} = \boxed{}$

3 $2 \div \dfrac{1}{5} = \boxed{} \times \boxed{} = \boxed{}$

4 $4 \div \dfrac{1}{3} = \boxed{} \times \boxed{} = \boxed{}$

5 $1 \div 5 = \dfrac{\boxed{}}{\boxed{}}$

6 $7 \div \dfrac{1}{6} = \boxed{} \times \boxed{} = \boxed{}$

7 $8 \div \dfrac{1}{3} = \boxed{} \times \boxed{} = \boxed{}$

8 $5 \div 2 = \dfrac{\boxed{}}{\boxed{}} = \boxed{}\dfrac{\boxed{}}{\boxed{}}$

9 $5 \div \dfrac{1}{9} = \boxed{} \times \boxed{} = \boxed{}$

10 $9 \div \dfrac{1}{10} = \boxed{} \times \boxed{} = \boxed{}$

11 $1 \div \dfrac{1}{8} = \boxed{} \times \boxed{} = \boxed{}$

12 $1 \div \dfrac{1}{15} = \boxed{} \times \boxed{} = \boxed{}$

계산해 보세요.

① $3 \div \dfrac{1}{5}$

$$3 \div \dfrac{1}{5} = 3 \times 5 = 15$$

② $4 \div \dfrac{1}{5}$

③ $6 \div \dfrac{1}{7}$

④ $9 \div \dfrac{1}{4}$

⑤ $8 \div \dfrac{1}{12}$

⑥ $\dfrac{5}{8} \div 2$

⑦ $5 \div \dfrac{1}{3}$

⑧ $6 \div \dfrac{1}{10}$

⑨ $\dfrac{9}{7} \div 3$

⑩ $4 \div \dfrac{1}{8}$

✏️ 문제를 해결해 보세요.

1 피자 두 판을 자르려고 합니다.

한 조각이 피자 한 판의 $\dfrac{1}{8}$이 되도록 자르면

모두 몇 조각이 될까요?

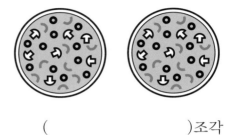

(   )조각

2 보조 배터리가 모두 충전되는 데 걸리는 시간을 알아보고 충전 속도가 더 빠른 것을 구입하려고
합니다. 그림을 보고 물음에 답하세요.

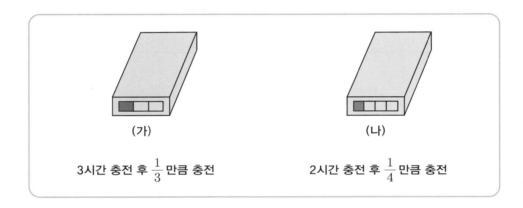

(가)

3시간 충전 후 $\dfrac{1}{3}$ 만큼 충전

(나)

2시간 충전 후 $\dfrac{1}{4}$ 만큼 충전

(1) **(가)**를 모두 충전하는 데 걸리는 시간은 몇 시간인가요?

식_____   답_____시간

(2) **(나)**를 모두 충전하는 데 걸리는 시간은 몇 시간인가요?

식_____   답_____시간

(3) **(가)**와 **(나)** 중 충전 속도가 더 빠른 것은 어느 것인가요?

(   )

개념 다시보기

✏️ ☐ 안에 알맞은 수를 써넣으세요.

1 $1 \div \frac{1}{5} = \boxed{} \times \boxed{} = \boxed{}$

2 $1 \div \frac{1}{8} = \boxed{} \times \boxed{} = \boxed{}$

3 $2 \div \frac{1}{3} = \boxed{} \times \boxed{} = \boxed{}$

4 $3 \div \frac{1}{9} = \boxed{} \times \boxed{} = \boxed{}$

5 $5 \div \frac{1}{8} = \boxed{} \times \boxed{} = \boxed{}$

6 $2 \div \frac{1}{7} = \boxed{} \times \boxed{} = \boxed{}$

7 $4 \div \frac{1}{6} = \boxed{} \times \boxed{} = \boxed{}$

8 $7 \div \frac{1}{2} = \boxed{} \times \boxed{} = \boxed{}$

도전해 보세요

1 나눗셈에서 잘못된 곳을 찾아 바르게 계산해 보세요.

$$3 \div \frac{1}{2} = \frac{1}{3} \times 2 = \frac{2}{3}$$

2 계산해 보세요.

(1) $13 \div \frac{1}{3} =$

(2) $21 \div \frac{1}{2} =$

2단계 분모가 같은 (분수)÷(분수)

개념연결

6-1분수의 나눗셈	6-2분수의 나눗셈		6-2분수의 나눗셈
(분수)÷(자연수)를 분수의 곱셈으로 나타내기	(자연수)÷(단위분수)	분모가 같은 (분수)÷(분수)	분모가 다른 (분수)÷(분수)
$\frac{6}{5} \div 3 = \frac{6}{5} \times \frac{1}{3} = \boxed{\frac{2}{5}}$	$3 \div \frac{1}{5} = \boxed{15}$	$\frac{8}{5} \div \frac{2}{5} = \boxed{4}$	$\frac{2}{3} \div \frac{3}{9} = \frac{6}{9} \div \frac{3}{9} = 6 \div 3 = \boxed{2}$

배운 것을 기억해 볼까요?

1 (1) $\frac{12}{7} \div 6 =$

   (2) $4\frac{4}{6} \div 7 =$

2 (1) $3 \div \frac{1}{4} =$

   (2) $10 \div \frac{1}{5} =$

분모가 같은 (분수)÷(분수)를 할 수 있어요.

30초 개념 분모가 같은 (분수)÷(분수)는 분자끼리 나누어 계산해요.

$\frac{6}{8} \div \frac{2}{8}$의 계산

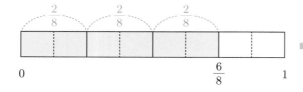

$$\frac{6}{8} - \frac{2}{8} - \frac{2}{8} - \frac{2}{8} = 0$$

$\frac{6}{8}$에서 $\frac{2}{8}$를 3번 덜어 낼 수 있으므로
몫은 3이에요.

방법 나눗셈식으로 계산하기

$$\frac{6}{8} \div \frac{2}{8} = 6 \div 2 = 3$$

$\frac{6}{8}$은 $\frac{1}{8}$이 6개, $\frac{2}{8}$는 $\frac{1}{8}$이 2개이므로
6÷2로 계산할 수 있어요.

이런 방법도 있어요!

$$\frac{5}{8} \div \frac{2}{8} = 5 \div 2 = \frac{5}{2} = 2\frac{1}{2}$$

나누어떨어지지 않을 때는 몫을 분수로 나타내요.

개념 익히기

✏️ 나누는 분수만큼을 그림으로 나타내어 답을 구해 보세요.

① $\dfrac{6}{7} \div \dfrac{3}{7} = \square$

$\dfrac{6}{7}$ 에서 $\dfrac{3}{7}$ 을
몇 번 덜어 낼 수 있는지
그림으로 알아봐요.

0    $\dfrac{3}{7}$ $\dfrac{3}{7}$ $\dfrac{6}{7}$ 1

② $\dfrac{3}{4} \div \dfrac{1}{4} = \square$

0 _____ 1

③ $\dfrac{4}{6} \div \dfrac{2}{6} = \square$

0 _____ 1

✏️ ☐ 안에 알맞은 수를 써넣으세요.

④ $\dfrac{8}{9} \div \dfrac{2}{9} = \square \div \square = \square$

⑤ $\dfrac{6}{8} \div \dfrac{3}{8} = \square \div \square = \square$

⑥ $\dfrac{4}{5} \div \dfrac{1}{5} = \square \div \square = \square$

⑦ $\dfrac{9}{10} \div \dfrac{3}{10} = \square \div \square = \square$

⑧ $\dfrac{8}{9} \div \dfrac{4}{9} = \square \div \square = \square$

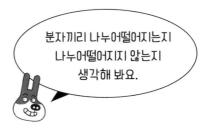
분자끼리 나누어떨어지는지
나누어떨어지지 않는지
생각해 봐요.

⑨ $\dfrac{8}{10} \div \dfrac{3}{10} = \square \div \square = \dfrac{\square}{\square} = \square$

⑩ $\dfrac{5}{6} \div \dfrac{2}{6} = \square \div \square = \dfrac{\square}{\square} = \square$

☐ 안에 알맞은 수를 써넣으세요.

1 $\dfrac{16}{7} \div \dfrac{3}{7} = \boxed{} \div \boxed{} = \dfrac{\boxed{}}{\boxed{}} = \boxed{}$

2 $\dfrac{8}{9} \div \dfrac{4}{9} = \boxed{} \div \boxed{} = \boxed{}$

3 $\dfrac{7}{10} \div \dfrac{3}{10} = \boxed{} \div \boxed{} = \dfrac{\boxed{}}{\boxed{}} = \boxed{}$

4 $\dfrac{9}{8} \div \dfrac{2}{8} = \boxed{} \div \boxed{} = \dfrac{\boxed{}}{\boxed{}} = \boxed{}$

5 $\dfrac{4}{3} \div 3 = \dfrac{\boxed{}}{\boxed{}} \times \dfrac{1}{\boxed{}} = \boxed{}$

6 $1\dfrac{2}{5} \div 7 = \dfrac{\boxed{}}{\boxed{}} \times \dfrac{1}{\boxed{}} = \boxed{}$

7 $\dfrac{9}{10} \div \dfrac{3}{10} = \boxed{} \div \boxed{} = \boxed{}$

8 $\dfrac{18}{11} \div \dfrac{9}{11} = \boxed{} \div \boxed{} = \boxed{}$

9 $\dfrac{15}{13} \div \dfrac{7}{13} = \boxed{} \div \boxed{} = \dfrac{\boxed{}}{\boxed{}} = \boxed{}$

10 $\dfrac{19}{7} \div \dfrac{3}{7} = \boxed{} \div \boxed{} = \dfrac{\boxed{}}{\boxed{}} = \boxed{}$

✏️ 계산해 보세요.

1 $\dfrac{4}{5} \div \dfrac{2}{5}$

$\dfrac{4}{5} \div \dfrac{2}{5} = 4 \div 2 = 2$

2 $\dfrac{5}{6} \div \dfrac{1}{6}$

3 $\dfrac{9}{13} \div \dfrac{3}{13}$

4 $\dfrac{8}{10} \div \dfrac{2}{10}$

5 $1\dfrac{1}{4} \div 2$

6 $\dfrac{9}{11} \div \dfrac{4}{11}$

7 $\dfrac{7}{14} \div \dfrac{2}{14}$

8 $\dfrac{7}{9} \div \dfrac{3}{9}$

9 $12 \div \dfrac{1}{3}$

10 $\dfrac{5}{8} \div \dfrac{2}{8}$

개념 키우기

✎ 문제를 해결해 보세요.

1 식혜 $\frac{9}{10}$ L를 한 병에 $\frac{3}{10}$ L씩 똑같이 담으려고 합니다.

남김없이 모두 담으려면 필요한 병은 모두 몇 병인가요?

식_____   답_____병

2 매듭실이 팔찌 매듭 1개를 만드는 데는 $\frac{2}{9}$ m, 반지 매듭 1개를 만드는 데는 $\frac{1}{9}$ m 필요합니다.

가지고 있는 매듭실의 길이는 1 m입니다. 그림을 보고 물음에 답하세요.

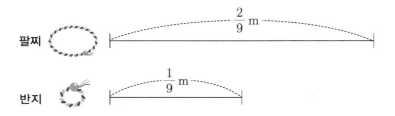

(1) 매듭실 1 m로 반지 매듭 1개를 만들면 남는 실의 길이는 몇 m인가요?

(   )m

(2) 남은 실로 팔찌 매듭을 몇 개 만들 수 있나요?

(   )개

(3) 매듭실 2 m가 있다면 반지 매듭 4개를 만들고 남는 실로 팔찌 매듭을 몇 개까지
만들 수 있나요?

(   )개

개념 다시보기

 나누는 분수만큼을 그림으로 나타내어 답을 구해 보세요.

① $\dfrac{5}{6} \div \dfrac{1}{6} = \boxed{}$

0 _____ 1

② $\dfrac{6}{7} \div \dfrac{2}{7} = \boxed{}$

0 _____ 1

 ☐ 안에 알맞은 수를 써넣으세요.

③ $\dfrac{4}{5} \div \dfrac{2}{5} = \boxed{} \div \boxed{} = \boxed{}$

④ $\dfrac{8}{9} \div \dfrac{2}{9} = \boxed{} \div \boxed{} = \boxed{}$

⑤ $\dfrac{3}{4} \div \dfrac{2}{4} = \boxed{} \div \boxed{} = \dfrac{\boxed{}}{\boxed{}} = \boxed{}$

⑥ $\dfrac{7}{12} \div \dfrac{5}{12} = \boxed{} \div \boxed{} = \dfrac{\boxed{}}{\boxed{}} = \boxed{}$

⑦ $\dfrac{10}{13} \div \dfrac{5}{13} = \boxed{} \div \boxed{} = \boxed{}$

⑧ $\dfrac{8}{17} \div \dfrac{5}{17} = \boxed{} \div \boxed{} = \dfrac{\boxed{}}{\boxed{}} = \boxed{}$

도전해 보세요

① 나눗셈에서 잘못된 곳을 찾아 바르게 계산해 보세요.

$$\dfrac{9}{10} \div \dfrac{3}{10} = \dfrac{9 \div 3}{10} = \dfrac{3}{10}$$

_____

② 계산해 보세요.

(1) $\dfrac{2}{5} \div \dfrac{1}{10} =$

(2) $\dfrac{8}{12} \div \dfrac{2}{6} =$

개념연결

6-1분수의 나눗셈	6-2분수의 나눗셈	분모가 다른 (분수)÷(분수)	6-2분수의 나눗셈
(분수)÷(자연수)를 분수의 곱셈으로 나타내기 $\frac{2}{8} \div 2 = \frac{2}{8} \times \frac{1}{2} = \boxed{\frac{1}{8}}$	분모가 같은 (분수)÷(분수) $\frac{4}{6} \div \frac{2}{6} = \boxed{2}$	$\frac{2}{3} \div \frac{1}{6} = \frac{4}{6} \div \frac{1}{6} = 4 \div 1 = \boxed{4}$	(자연수)÷(분수) $2 \div \frac{1}{6} = \boxed{12}$

배운 것을 기억해 볼까요?

1 (1) $\frac{6}{7} \div 3 =$

  (2) $1\frac{5}{7} \div 3 =$

2 (1) $\frac{6}{9} \div \frac{3}{9} =$

  (2) $\frac{9}{11} \div \frac{3}{11} =$

분모가 다른 (분수)÷(분수)를 할 수 있어요.

30초 개념 분모가 다른 (분수)÷(분수)는 분모를 통분한 후 분자끼리 나누어 계산해요.

$\frac{3}{4} \div \frac{3}{8}$의 계산

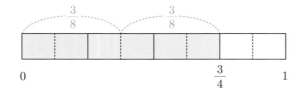

$\Rightarrow \frac{3}{4} - \underbrace{\frac{3}{8} - \frac{3}{8}}_{2번} = 0$

$\frac{3}{4}$에서 $\frac{3}{8}$을 2번 덜어 낼 수 있으므로 몫은 2예요.

방법 나눗셈식으로 계산하기

② 분자끼리 나눠요.

$\frac{3}{4} \div \frac{3}{8} = \frac{6}{8} \div \frac{3}{8} = 6 \div 3 = 2$

① 분모를 같게 통분해요.

개념 익히기

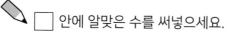 안에 알맞은 수를 써넣으세요.

분모를 통분하고
분자끼리 나눠요.

① $\dfrac{4}{6} \div \dfrac{1}{3} = \dfrac{4}{6} \div \dfrac{2}{6} = \square \div \square = \square$

② $\dfrac{8}{10} \div \dfrac{1}{5} = \dfrac{\square}{10} \div \dfrac{\square}{10} = \square \div \square = \square$

③ $\dfrac{3}{4} \div \dfrac{1}{12} = \dfrac{\square}{12} \div \dfrac{\square}{12} = \square \div \square = \square$

④ $\dfrac{12}{14} \div \dfrac{5}{7} = \dfrac{\square}{14} \div \dfrac{\square}{14} = \square \div \square = \dfrac{\square}{\square} = \square$

분자끼리 나누어
떨어지지 않으면
분수로 나타내요.
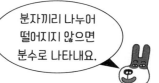

⑤ $\dfrac{8}{9} \div \dfrac{2}{3} = \dfrac{\square}{9} \div \dfrac{\square}{9} = \square \div \square = \dfrac{\square}{\square} = \square$

⑥ $\dfrac{1}{2} \div \dfrac{1}{10} = \dfrac{\square}{10} \div \dfrac{\square}{10} = \square \div \square = \square$

⑦ $\dfrac{1}{3} \div \dfrac{16}{24} = \dfrac{\square}{24} \div \dfrac{\square}{24} = \square \div \square = \square$

⑧ $\dfrac{4}{10} \div \dfrac{7}{30} = \dfrac{\square}{30} \div \dfrac{\square}{30} = \square \div \square = \dfrac{\square}{\square} = \square$

☐ 안에 알맞은 수를 써넣으세요.

1 $\dfrac{2}{5} \div \dfrac{1}{4} = \dfrac{\square}{20} \div \dfrac{\square}{20} = \square \div \square = \dfrac{\square}{\square} = \square$

2 $\dfrac{7}{8} \div \dfrac{2}{4} = \dfrac{\square}{\square} \div \dfrac{\square}{\square} = \square \div \square = \dfrac{\square}{\square} = \square$

3 $\dfrac{8}{9} \div \dfrac{4}{18} = \dfrac{\square}{\square} \div \dfrac{\square}{\square} = \square \div \square = \square$

4 $\dfrac{5}{7} + \dfrac{4}{21} = \dfrac{\square}{\square} + \dfrac{\square}{\square} = \dfrac{\square + \square}{\square} = \square$

5 $\dfrac{4}{9} \div \dfrac{1}{5} = \dfrac{\square}{\square} \div \dfrac{\square}{\square} = \square \div \square = \dfrac{\square}{\square} = \square$

6 $\dfrac{8}{10} \div \dfrac{1}{5} = \dfrac{\square}{\square} \div \dfrac{\square}{\square} = \square \div \square = \square$

7 $\dfrac{2}{5} \div \dfrac{3}{7} = \dfrac{\square}{\square} \div \dfrac{\square}{\square} = \square \div \square = \square$

8 $\dfrac{5}{6} \div \dfrac{5}{18} = \dfrac{\square}{\square} \div \dfrac{\square}{\square} = \square \div \square = \square$

✏️ 계산해 보세요.

1 $\dfrac{7}{8} \div \dfrac{5}{12}$

$$\dfrac{7}{8} \div \dfrac{5}{12} = \dfrac{21}{24} \div \dfrac{10}{24}$$
$$= 21 \div 10$$
$$= \dfrac{21}{10} = 2\dfrac{1}{10}$$

2 $\dfrac{2}{3} \div \dfrac{2}{9}$

3 $\dfrac{4}{5} \div \dfrac{1}{15}$

4 $\dfrac{13}{20} \div \dfrac{1}{4}$

5 $\dfrac{5}{6} \div \dfrac{3}{10}$

6 $\dfrac{3}{4} \div \dfrac{2}{5}$

7 $\dfrac{7}{8} - \dfrac{7}{32}$

8 $\dfrac{9}{12} \div \dfrac{4}{15}$

개념 키우기

✏️ 문제를 해결해 보세요.

1️⃣ 어느 달팽이가 $\frac{7}{8}$ cm를 기어가는 데 $\frac{3}{20}$ 분이 걸린다고 합니다.
달팽이가 쉬지 않고 같은 빠르기로 기어간다면 1분 동안 갈 수 있는 거리는
몇 cm인가요?

식_____ 답_____ cm

2️⃣ 준성이와 예나가 케이크를 먹고 있습니다. 준성이는 전체의 $\frac{3}{8}$ 을 먹었고,
예나는 남은 케이크의 $\frac{1}{3}$ 을 먹었습니다. 그림을 보고 물음에 답하세요.

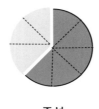

준성

예나

(1) 준성이가 먹고 남은 케이크의 양을 분수로 나타내어 보세요.

( )

(2) 예나가 먹은 케이크의 양을 분수로 나타내어 보세요.

( )

(3) 준성이가 먹은 케이크의 양은 예나가 먹은 케이크의 양의 몇 배인가요?

( )배

개념 다시보기

 계산해 보세요.

① $\dfrac{4}{6} \div \dfrac{1}{3} = \dfrac{\square}{\square} \div \dfrac{\square}{\square} = \square \div \square = \square$

② $\dfrac{3}{4} \div \dfrac{2}{8} = \dfrac{\square}{\square} \div \dfrac{\square}{\square} = \square \div \square = \square$

③ $\dfrac{12}{15} \div \dfrac{3}{5} = \dfrac{\square}{\square} \div \dfrac{\square}{\square} = \square \div \square = \dfrac{\square}{\square} = \square$

④ $\dfrac{8}{9} \div \dfrac{5}{6} = \dfrac{\square}{\square} \div \dfrac{\square}{\square} = \square \div \square = \dfrac{\square}{\square} = \square$

⑤ $\dfrac{1}{2} \div \dfrac{1}{5} =$

⑥ $\dfrac{11}{14} \div \dfrac{2}{7} =$

⑦ $\dfrac{7}{10} \div \dfrac{5}{6} =$

⑧ $\dfrac{2}{9} \div \dfrac{2}{7} =$

도전해 보세요

① □ 안에 알맞은 수를 써넣으세요.

$$\square \times \dfrac{3}{15} = \dfrac{3}{5}$$

② 계산해 보세요.

(1) $2 \div \dfrac{2}{3} =$

(2) $3 \div \dfrac{3}{4} =$

개념연결

6-2분수의 나눗셈	6-2분수의 나눗셈	(자연수)÷(분수)	6-2분수의 나눗셈
분모가 같은 (분수)÷(분수)	분모가 다른 (분수)÷(분수)		(분수)÷(분수)를 (분수)×(분수)로 나타내기
$\dfrac{4}{5}÷\dfrac{2}{5}=\boxed{2}$	$\dfrac{1}{2}÷\dfrac{2}{3}=\dfrac{3}{6}÷\dfrac{4}{6}=3÷4=\boxed{\dfrac{3}{4}}$	$2÷\dfrac{2}{3}=\dfrac{6}{3}÷\dfrac{2}{3}=\boxed{3}$	$\dfrac{1}{2}÷\dfrac{2}{3}=\dfrac{1}{2}×\dfrac{3}{2}=\boxed{\dfrac{3}{4}}$

배운 것을 기억해 볼까요?

1 (1) $\dfrac{8}{12}÷\dfrac{4}{12}=$

   (2) $\dfrac{6}{13}÷\dfrac{2}{13}=$

2 (1) $\dfrac{7}{9}÷\dfrac{2}{18}=$

   (2) $\dfrac{7}{9}÷\dfrac{1}{6}=$

(자연수)÷(분수)를 할 수 있어요.

30초 개념 (자연수)÷(분수)는 자연수를 분수와 통분한 후 분자끼리 나누어 계산해요.

$3÷\dfrac{3}{4}$의 계산

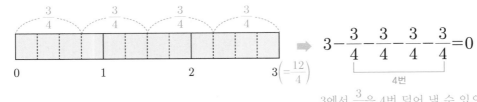

$$3-\dfrac{3}{4}-\dfrac{3}{4}-\dfrac{3}{4}-\dfrac{3}{4}=0$$

4번

3에서 $\dfrac{3}{4}$을 4번 덜어 낼 수 있으므로 몫은 4예요.

방법 나눗셈식으로 계산하기

② 분자끼리 나눠요.

$$3÷\dfrac{3}{4}=\dfrac{12}{4}÷\dfrac{3}{4}=12÷3=4$$

① 분모를 같게 통분해요.

이런 방법도 있어요!

자연수를 분수의 분자로 나누고
분모를 곱해서 계산할 수 있어요.

$$3÷\dfrac{3}{4}=(3÷3)×4=4$$

✏️ ☐ 안에 알맞은 수를 써넣으세요.

분모를 통분하고
분자끼리 나눠요.

① $3 \div \dfrac{6}{8} = \dfrac{\boxed{24}}{\boxed{8}} \div \dfrac{\boxed{6}}{\boxed{8}} = \boxed{} \div \boxed{} = \boxed{}$

② $4 \div \dfrac{3}{15} = \dfrac{\boxed{}}{15} \div \dfrac{\boxed{}}{15} = \boxed{} \div \boxed{} = \boxed{}$

③ $6 \div \dfrac{2}{3} = \dfrac{\boxed{}}{3} \div \dfrac{\boxed{}}{3} = \boxed{} \div \boxed{} = \boxed{}$

분자끼리 나누어
떨어지지 않으면
분수로 나타내요.

④ $5 \div \dfrac{4}{5} = \dfrac{\boxed{}}{5} \div \dfrac{\boxed{}}{5} = \boxed{} \div \boxed{} = \dfrac{\boxed{}}{\boxed{}} = \boxed{}$

⑤ $4 \div \dfrac{3}{7} = \dfrac{\boxed{}}{7} \div \dfrac{\boxed{}}{7} = \boxed{} \div \boxed{} = \dfrac{\boxed{}}{\boxed{}} = \boxed{}$

⑥ $10 \div \dfrac{2}{5} = \dfrac{\boxed{}}{5} \div \dfrac{\boxed{}}{5} = \boxed{} \div \boxed{} = \boxed{}$

⑦ $12 \div \dfrac{4}{6} = \dfrac{\boxed{}}{6} \div \dfrac{\boxed{}}{6} = \boxed{} \div \boxed{} = \boxed{}$

⑧ $9 \div \dfrac{3}{4} = \dfrac{\boxed{}}{4} \div \dfrac{\boxed{}}{4} = \boxed{} \div \boxed{} = \boxed{}$

☐ 안에 알맞은 수를 써넣으세요.

① $2 \div \dfrac{4}{5} = \dfrac{\boxed{}}{5} \div \dfrac{\boxed{}}{5} = \boxed{} \div \boxed{} = \dfrac{\boxed{}}{\boxed{}} = \boxed{}$

② $4 \div \dfrac{5}{6} = \dfrac{\boxed{}}{\boxed{}} \div \dfrac{\boxed{}}{\boxed{}} = \boxed{} \div \boxed{} = \dfrac{\boxed{}}{\boxed{}} = \boxed{}$

③ $8 \div \dfrac{4}{7} = \dfrac{\boxed{}}{\boxed{}} \div \dfrac{\boxed{}}{\boxed{}} = \boxed{} \div \boxed{} = \boxed{}$

④ $18 \div \dfrac{2}{3} = \dfrac{\boxed{}}{\boxed{}} \div \dfrac{\boxed{}}{\boxed{}} = \boxed{} \div \boxed{} = \boxed{}$

⑤ $\dfrac{6}{8} \div 2 = \dfrac{\boxed{} \div \boxed{}}{\boxed{}} = \boxed{}$

⑥ $14 \div \dfrac{7}{9} = \dfrac{\boxed{}}{\boxed{}} \div \dfrac{\boxed{}}{\boxed{}} = \boxed{} \div \boxed{} = \boxed{}$

⑦ $16 \div \dfrac{3}{8} = \dfrac{\boxed{}}{\boxed{}} \div \dfrac{\boxed{}}{\boxed{}} = \boxed{} \div \boxed{} = \dfrac{\boxed{}}{\boxed{}} = \boxed{}$

⑧ $20 \div \dfrac{4}{5} = \dfrac{\boxed{}}{\boxed{}} \div \dfrac{\boxed{}}{\boxed{}} = \boxed{} \div \boxed{} = \boxed{}$

계산해 보세요.

1 $3 \div \dfrac{4}{7}$

$$3 \div \frac{4}{7} = \frac{21}{7} \div \frac{4}{7}$$
$$= 21 \div 4$$
$$= \frac{21}{4} = 5\frac{1}{4}$$

2 $10 \div \dfrac{2}{5}$

3 $8 \div \dfrac{4}{12}$

4 $7 \div \dfrac{5}{6}$

5 $1\dfrac{5}{7} \div 4$

6 $13 \div \dfrac{3}{4}$

7 $24 \div \dfrac{2}{3}$

8 $3\dfrac{3}{5} \div 6$

✏️ 문제를 해결해 보세요.

1 수박 $\frac{3}{4}$통의 무게는 2 kg입니다. 수박 1통의 무게는 몇 kg인가요?

2 kg　　　식＿＿＿＿＿＿＿＿＿＿　　답＿＿＿＿＿＿＿＿＿ kg

2 수박 주스 $2\frac{7}{8}$ L에 설탕 시럽 $\frac{1}{8}$ L를 섞어서 달콤한 수박 주스를 만들었습니다.

$\frac{3}{5}$ L들이 병에 똑같이 나누어 담으려면 병이 모두 몇 개 필요한지 알아보려고 합니다.

그림을 보고 물음에 답하세요.

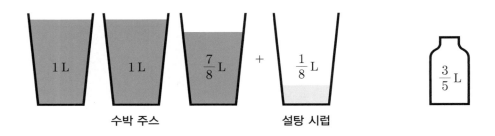

1 L　　1 L　　$\frac{7}{8}$ L　＋　$\frac{1}{8}$ L　　　　$\frac{3}{5}$ L

수박 주스　　　　　　설탕 시럽

(1) 수박 주스에 설탕 시럽을 섞어서 만든 달콤한 수박 주스는 모두 몇 L인가요?

(　　　　　　　)L

(2) $\frac{3}{5}$ L들이 병은 모두 몇 병 필요한가요?

식＿＿＿＿＿＿＿＿＿＿　　답＿＿＿＿＿＿＿＿＿ 병

개념 다시보기

 □ 안에 알맞은 수를 써넣으세요.

① $2 \div \dfrac{2}{5} = \dfrac{\square}{\square} \div \dfrac{\square}{\square} = \square \div \square = \square$

② $2 \div \dfrac{4}{6} = \dfrac{\square}{\square} \div \dfrac{\square}{\square} = \square \div \square = \square$

③ $8 \div \dfrac{2}{3} = \dfrac{\square}{\square} \div \dfrac{\square}{\square} = \square \div \square = \square$

④ $4 \div \dfrac{3}{7} = \dfrac{\square}{\square} \div \dfrac{\square}{\square} = \square \div \square = \dfrac{\square}{\square} = \square$

⑤ $7 \div \dfrac{4}{5} = \dfrac{\square}{\square} \div \dfrac{\square}{\square} = \square \div \square = \dfrac{\square}{\square} = \square$

⑥ $12 \div \dfrac{3}{4} = \dfrac{\square}{\square} \div \dfrac{\square}{\square} = \square \div \square = \square$

도전해 보세요

① □ 안에 알맞은 수를 써넣으세요.

$$\dfrac{9}{7} \times \square = 18$$

② 계산해 보세요.

(1) $2\dfrac{2}{3} \div \dfrac{2}{3} =$

(2) $5\dfrac{5}{6} \div \dfrac{7}{12} =$

개념연결

5-2분수의 곱셈	6-2분수의 나눗셈	(분수)÷(분수)를 (분수)×(분수)로 나타내기	6-2분수의 나눗셈
(진분수)×(진분수)	분모가 다른 (분수)÷(분수)	$\dfrac{1}{2}÷\dfrac{2}{3}=\dfrac{1}{2}×\dfrac{3}{2}=\boxed{\dfrac{3}{4}}$	(대분수)÷(분수)
$\dfrac{1}{3}×\dfrac{2}{5}=\boxed{\dfrac{2}{15}}$	$\dfrac{2}{3}÷\dfrac{2}{5}=\boxed{1\dfrac{2}{3}}$		$1\dfrac{1}{3}÷\dfrac{5}{6}=\boxed{1\dfrac{3}{5}}$

배운 것을 기억해 볼까요?

1 (1) $\dfrac{3}{4}×\dfrac{2}{5}=$

(2) $\dfrac{7}{8}×\dfrac{15}{14}=$

2 (1) $\dfrac{3}{8}÷\dfrac{1}{8}=$

(2) $\dfrac{3}{4}÷\dfrac{1}{12}=$

(분수)÷(분수)를 (분수)×(분수)로 바꾸어 계산할 수 있어요.

30초 개념 나누는 분수의 분자와 분모를 바꾸어 곱셈으로 계산해요.

$\dfrac{3}{4}÷\dfrac{2}{5}$의 계산

통분하기　　분자끼리 나누기

$$\dfrac{3}{4}÷\dfrac{2}{5}=\dfrac{3×5}{4×5}÷\dfrac{2×4}{5×4}=(3×5)÷(2×4)=\dfrac{3×5}{2×4}=\dfrac{3}{4}×\dfrac{5}{2}=\dfrac{15}{8}=1\dfrac{7}{8}$$

거꾸로

$$\dfrac{3}{4}÷\boxed{\dfrac{2}{5}}=\dfrac{3}{4}×\boxed{\dfrac{5}{2}}=\dfrac{15}{8}=1\dfrac{7}{8}$$

곱셈으로

이런 방법도 있어요!

통분한 후 분자끼리 나누어
계산할 수 있어요.

$$\dfrac{3}{4}÷\dfrac{2}{5}=\dfrac{15}{20}÷\dfrac{8}{20}=15÷8=\dfrac{15}{8}=1\dfrac{7}{8}$$

개념 익히기

□ 안에 알맞은 수를 써넣으세요.

① $\dfrac{2}{7} \div \boxed{\dfrac{2}{3}} = \dfrac{2}{7} \times \boxed{\dfrac{3}{2}} = \boxed{}$

나누는 분수의 분자와
분모를 바꾸어 곱해요.

$\dfrac{\blacktriangle}{\blacksquare} \div \dfrac{\bigstar}{\heartsuit} = \dfrac{\blacktriangle}{\blacksquare} \times \dfrac{\heartsuit}{\bigstar}$

② $\dfrac{2}{3} \div \dfrac{5}{9} = \dfrac{2}{3} \times \dfrac{\boxed{}}{\boxed{}} = \dfrac{\boxed{}}{\boxed{}} = \boxed{}$

③ $\dfrac{4}{5} \div \dfrac{6}{7} = \dfrac{\boxed{}}{\boxed{}} \times \dfrac{\boxed{}}{\boxed{}} = \boxed{}$

④ $\dfrac{5}{6} \div \dfrac{4}{7} = \dfrac{\boxed{}}{\boxed{}} \times \dfrac{\boxed{}}{\boxed{}} = \dfrac{\boxed{}}{\boxed{}} = \boxed{}$

⑤ $\dfrac{3}{8} \div \dfrac{5}{6} = \dfrac{\boxed{}}{\boxed{}} \times \dfrac{\boxed{}}{\boxed{}} = \boxed{}$

⑥ $\dfrac{3}{4} \div \dfrac{5}{6} = \dfrac{\boxed{}}{\boxed{}} \times \dfrac{\boxed{}}{\boxed{}} = \boxed{}$

⑦ $\dfrac{2}{3} \div \dfrac{3}{4} = \dfrac{\boxed{}}{\boxed{}} \times \dfrac{\boxed{}}{\boxed{}} = \boxed{}$

⑧ $\dfrac{9}{10} \div \dfrac{3}{7} = \dfrac{\boxed{}}{\boxed{}} \times \dfrac{\boxed{}}{\boxed{}} = \dfrac{\boxed{}}{\boxed{}} = \boxed{}$

⑨ $\dfrac{8}{11} \div \dfrac{4}{7} = \dfrac{\boxed{}}{\boxed{}} \times \dfrac{\boxed{}}{\boxed{}} = \dfrac{\boxed{}}{\boxed{}} = \boxed{}$

⑩ $\dfrac{4}{7} \div \dfrac{8}{9} = \dfrac{\boxed{}}{\boxed{}} \times \dfrac{\boxed{}}{\boxed{}} = \boxed{}$

⑪ $\dfrac{2}{7} \div \dfrac{1}{3} = \dfrac{\boxed{}}{\boxed{}} \times \dfrac{\boxed{}}{\boxed{}} = \boxed{}$

☐ 안에 알맞은 수를 써넣으세요.

① $\dfrac{5}{4} \div \boxed{\dfrac{5}{7}} = \dfrac{5}{4} \times \boxed{\dfrac{7}{5}} = \dfrac{\Box}{\Box} = \Box$

(가분수)÷(분수)도 같은 방법으로
곱셈으로 바꾸어 계산할 수 있어요.

② $\dfrac{8}{5} \div \dfrac{9}{10} = \dfrac{\Box}{\Box} \times \dfrac{\Box}{\Box} = \dfrac{\Box}{\Box} = \Box$

③ $\dfrac{7}{2} \div \dfrac{5}{8} = \dfrac{\Box}{\Box} \times \dfrac{\Box}{\Box} = \dfrac{\Box}{\Box} = \Box$

④ $\dfrac{16}{9} \div \dfrac{4}{7} = \dfrac{\Box}{\Box} \times \dfrac{\Box}{\Box} = \dfrac{\Box}{\Box} = \Box$

⑤ $\dfrac{11}{12} - \dfrac{3}{4} = \dfrac{\Box}{\Box} - \dfrac{\Box}{\Box} = \Box$

⑥ $\dfrac{15}{11} \div \dfrac{3}{8} = \dfrac{\Box}{\Box} \times \dfrac{\Box}{\Box} = \dfrac{\Box}{\Box} = \Box$

⑦ $\dfrac{20}{7} \div \dfrac{5}{13} = \dfrac{\Box}{\Box} \times \dfrac{\Box}{\Box}$
  $= \dfrac{\Box}{\Box} = \Box$

⑧ $\dfrac{19}{12} \div \dfrac{5}{6} = \dfrac{\Box}{\Box} \times \dfrac{\Box}{\Box} = \dfrac{\Box}{\Box} = \Box$

⑨ $\dfrac{18}{11} \div \dfrac{9}{17} = \dfrac{\Box}{\Box} \times \dfrac{\Box}{\Box}$
  $= \dfrac{\Box}{\Box} = \Box$

⑩ $\dfrac{7}{8} + \dfrac{5}{6} = \dfrac{\Box}{\Box} + \dfrac{\Box}{\Box} = \dfrac{\Box}{\Box} = \Box$

✏️ 계산해 보세요.

① $\dfrac{7}{10} \div \dfrac{5}{6}$

$$\dfrac{7}{10} \div \dfrac{5}{6} = \dfrac{7}{10} \times \dfrac{6}{5} = \dfrac{21}{25}$$

② $\dfrac{17}{9} \div \dfrac{2}{3}$

③ $\dfrac{6}{7} \div \dfrac{3}{5}$

④ $\dfrac{11}{12} \times \dfrac{6}{35}$

⑤ $\dfrac{4}{5} \div \dfrac{8}{7}$

⑥ $\dfrac{10}{7} \div \dfrac{5}{6}$

⑦ $\dfrac{20}{9} \div \dfrac{3}{4}$

⑧ $\dfrac{13}{12} \div \dfrac{39}{40}$

⑨ $\dfrac{17}{15} \div \dfrac{34}{45}$

⑩ $\dfrac{36}{11} \div \dfrac{6}{7}$

개념 키우기

✏️ 문제를 해결해 보세요.

1 세로의 길이가 $\frac{2}{5}$ m인 직사각형의 넓이가 $\frac{3}{10}$ m²일 때 가로의 길이는 몇 m인가요?

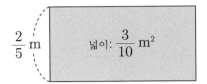

식_____ 답_____ m

2 인절미 5개를 만드는 데는 콩가루 $\frac{3}{8}$ 컵이 필요합니다. 물음에 답하세요.

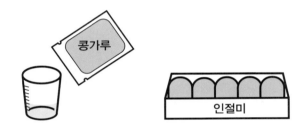

(1) 인절미 1개를 만드는 데 필요한 콩가루는 몇 컵인가요?

(   ) 컵

(2) 콩가루 $\frac{21}{4}$ 컵으로 만들 수 있는 인절미는 모두 몇 개인가요?

(   ) 개

(3) 콩가루 $\frac{21}{4}$ 컵으로 만든 인절미를 한 상자에 5개씩 포장하면 모두 몇 상자를 포장할 수 있나요?

(   ) 상자

개념 다시보기

 ☐ 안에 알맞은 수를 써넣으세요.

① $\dfrac{4}{7} \div \dfrac{8}{9} = \dfrac{\square}{\square} \times \dfrac{\square}{\square} = \square$

② $\dfrac{2}{5} \div \dfrac{8}{15} = \dfrac{\square}{\square} \times \dfrac{\square}{\square} = \square$

③ $\dfrac{1}{8} \div \dfrac{3}{4} = \dfrac{\square}{\square} \times \dfrac{\square}{\square} = \square$

④ $\dfrac{5}{6} \div \dfrac{3}{4} = \dfrac{\square}{\square} \times \dfrac{\square}{\square} = \dfrac{\square}{\square} = \square$

⑤ $\dfrac{15}{7} \div \dfrac{3}{14} = \dfrac{\square}{\square} \times \dfrac{\square}{\square} = \square$

⑥ $\dfrac{10}{9} \div \dfrac{5}{7} = \dfrac{\square}{\square} \times \dfrac{\square}{\square} = \dfrac{\square}{\square} = \square$

⑦ $\dfrac{6}{11} \div \dfrac{4}{9} = \dfrac{\square}{\square} \times \dfrac{\square}{\square}$

$= \dfrac{\square}{\square} = \square$

⑧ $\dfrac{5}{12} \div \dfrac{10}{21} = \dfrac{\square}{\square} \times \dfrac{\square}{\square} = \square$

도전해 보세요

① ☐ 안에 들어갈 수 있는 자연수를 모두 찾아 써 보세요.

$$\dfrac{16}{5} \div \dfrac{9}{10} < \square < \dfrac{16}{5} \div \dfrac{4}{7}$$

(   )

② 계산해 보세요.

(1) $1\dfrac{2}{5} \div \dfrac{14}{15} =$

(2) $3\dfrac{3}{4} \div \dfrac{5}{8} =$

6단계 (대분수)÷(분수)

개념연결

6-2분수의 나눗셈	6-2분수의 나눗셈	(대분수)÷(분수)	6-2소수의 나눗셈
분모가 다른 (분수)÷(분수)	(분수)÷(분수)를 (분수)×(분수)로 나타내기		(소수)÷(소수)
$\frac{1}{2} \div \frac{2}{3} = \boxed{\frac{3}{4}}$	$\frac{1}{2} \div \frac{2}{3} = \frac{1}{2} \times \frac{3}{2} = \boxed{\frac{3}{4}}$	$1\frac{1}{2} \div \frac{3}{4} = \boxed{2}$	$1.5 \div 0.5 = \boxed{3}$

배운 것을 기억해 볼까요?

1 (1) $\frac{5}{6} \div \frac{1}{3} =$

(2) $\frac{4}{5} \div \frac{2}{3} =$

2 (1) $\frac{2}{3} \div \frac{2}{5} = \frac{\Box}{\Box} \times \frac{\Box}{\Box} = \frac{\Box}{\Box} = \Box$

(2) $\frac{10}{11} \div \frac{15}{16} = \frac{\Box}{\Box} \times \frac{\Box}{\Box} = \Box$

(대분수)÷(분수)를 계산할 수 있어요.

30초 개념 대분수를 가분수로 고친 다음, 통분하여 계산하거나 분수의 곱셈으로 바꾸어 계산해요.

$2\frac{1}{3} \div \frac{5}{6}$의 계산

방법1 통분하여 분자끼리 나누어 계산하기

$$2\frac{1}{3} \div \frac{5}{6} = \frac{7}{3} \div \frac{5}{6} = \frac{14}{6} \div \frac{5}{6}$$

$$= 14 \div 5 = \frac{14}{5} = 2\frac{4}{5}$$

방법2 곱셈식으로 바꾸어 계산하기

$$2\frac{1}{3} \div \frac{5}{6} = \frac{7}{3} \div \frac{5}{6} = \frac{7}{\underset{1}{3}} \times \frac{\overset{2}{6}}{5}$$

$$= \frac{14}{5} = 2\frac{4}{5}$$

결과가 같아요.

이런 방법도 있어요!

대분수를 자연수와 분수로 나누어 계산할 수 있어요.

$$2\frac{1}{3} \div \frac{5}{6} = \left(2 + \frac{1}{3}\right) \div \frac{5}{6} = \left(2 \div \frac{5}{6}\right) + \left(\frac{1}{3} \div \frac{5}{6}\right)$$

$$= \left(2 \times \frac{6}{5}\right) + \left(\frac{1}{\underset{1}{3}} \times \frac{\overset{2}{6}}{5}\right) = \frac{12}{5} + \frac{2}{5} = \frac{14}{5} = 2\frac{4}{5}$$

개념 익히기

✏️ 나눗셈을 두 가지 방법으로 계산해 보세요.

① $2\frac{4}{5} \div \frac{3}{5}$ 　방법1　 $2\frac{4}{5} \div \frac{3}{5} = \frac{14}{5} \div \frac{3}{5} = 14 \div 3 = \frac{\square}{\square} = \square$

먼저 대분수를 가분수로 바꿔요.

　방법2　 $2\frac{4}{5} \div \frac{3}{5} = \frac{14}{5} \div \frac{3}{5} = \frac{14}{5} \times \frac{5}{3} = \frac{\square}{\square} = \square$

② $3\frac{3}{4} \div \frac{3}{4}$ 　방법1　 $3\frac{3}{4} \div \frac{3}{4} = \frac{\square}{4} \div \frac{\square}{4} = \square \div \square = \square$

　방법2　 $3\frac{3}{4} \div \frac{3}{4} = \frac{\square}{4} \div \frac{\square}{4} = \frac{\square}{4} \times \frac{4}{\square} = \square$

③ $1\frac{2}{7} \div \frac{6}{21}$ 　방법1　 $1\frac{2}{7} \div \frac{6}{21} = \frac{\square}{7} \div \frac{\square}{21} = \frac{\square}{21} \div \frac{\square}{21} = \square \div \square = \frac{\square}{\square} = \square$

　방법2　 $1\frac{2}{7} \div \frac{6}{21} = \frac{\square}{7} \div \frac{\square}{21} = \frac{\square}{7} \times \frac{21}{\square} = \frac{\square}{\square} = \square$

④ $2\frac{1}{8} \div \frac{5}{8}$ 　방법1　 $2\frac{1}{8} \div \frac{5}{8} = \frac{\square}{8} \div \frac{\square}{8} = \square \div \square = \frac{\square}{\square} = \square$

　방법2　 $2\frac{1}{8} \div \frac{5}{8} = \frac{\square}{8} \div \frac{\square}{8} = \frac{\square}{8} \times \frac{8}{\square} = \frac{\square}{\square} = \square$

⑤ $5\frac{3}{6} \div \frac{9}{10}$ 　방법1　 $5\frac{3}{6} \div \frac{9}{10} = \frac{\square}{6} \div \frac{\square}{10} = \frac{\square}{30} \div \frac{\square}{30}$

$= \square \div \square = \frac{\square}{\square} = \square$

　방법2　 $5\frac{3}{6} \div \frac{9}{10} = \frac{\square}{6} \div \frac{\square}{10} = \frac{\square}{6} \times \frac{\square}{9} = \frac{\square}{\square} = \square$

☐ 안에 알맞은 수를 써넣으세요.

① $3\dfrac{2}{9} \div \dfrac{2}{9} = \dfrac{\Box}{\Box} \div \dfrac{\Box}{\Box} = \Box \div \Box = \dfrac{\Box}{\Box} = \Box$

분모가 같으면
분자끼리 나눠요.

② $3\dfrac{7}{10} \div \dfrac{9}{10} = \dfrac{\Box}{\Box} \div \dfrac{\Box}{\Box} = \Box \div \Box = \dfrac{\Box}{\Box} = \Box$

③ $3\dfrac{1}{2} \div \dfrac{3}{4} = \dfrac{\Box}{\Box} \div \dfrac{\Box}{\Box} = \dfrac{\Box}{\Box} \div \dfrac{\Box}{\Box} = \Box \div \Box = \dfrac{\Box}{\Box} = \Box$

④ $1\dfrac{3}{4} \div \dfrac{7}{9} = \dfrac{\Box}{\Box} \div \dfrac{\Box}{\Box} = \dfrac{\Box}{\Box} \div \dfrac{\Box}{\Box} = \Box \div \Box = \dfrac{\Box}{\Box} = \Box$

⑤ $2\dfrac{4}{5} \div \dfrac{3}{5} = \dfrac{\Box}{\Box} \div \dfrac{\Box}{\Box} = \dfrac{\Box}{\Box} \times \dfrac{\Box}{\Box} = \Box$

나누는 수의 분자와
분모를 바꾸어 곱셈으로
계산할 수도 있어요.

⑥ $4\dfrac{1}{6} \div \dfrac{5}{7} = \dfrac{\Box}{\Box} \div \dfrac{\Box}{\Box} = \dfrac{\Box}{\Box} \times \dfrac{\Box}{\Box} = \Box$

⑦ $1\dfrac{2}{7} \div 3 = \dfrac{\Box}{\Box} \div \Box = \dfrac{\Box}{\Box} \times \dfrac{\Box}{\Box} = \Box$

⑧ $1\dfrac{5}{11} \div \dfrac{4}{5} = \dfrac{\Box}{\Box} \div \dfrac{\Box}{\Box} = \dfrac{\Box}{\Box} \times \dfrac{\Box}{\Box} = \dfrac{\Box}{\Box} = \Box$

계산해 보세요.

① $2\dfrac{3}{4} \div \dfrac{5}{8}$

② $3\dfrac{1}{3} \div \dfrac{5}{6}$

③ $3\dfrac{3}{7} \div \dfrac{5}{7}$

④ $1\dfrac{5}{9} \div \dfrac{5}{6}$

⑤ $1\dfrac{3}{10} \div 3$

⑥ $4\dfrac{3}{8} \div \dfrac{7}{9}$

⑦ $2\dfrac{1}{12} \div \dfrac{5}{9}$

⑧ $6 \div \dfrac{4}{5}$

⑨ $1\dfrac{2}{5} \div \dfrac{3}{5}$

⑩ $7\dfrac{2}{3} \div 1\dfrac{5}{6}$

개념 키우기

문제를 해결해 보세요.

1 휘발유 $\frac{3}{8}$ L로 $6\frac{6}{7}$ km를 가는 자동차가 있습니다.

이 자동차가 휘발유 1 L로 갈 수 있는 거리는 몇 km인가요?

식_____ 답_____ km

2 밑변의 길이가 $\frac{8}{5}$ cm이고, 넓이가 $5\frac{1}{3}$ cm²인 평행사변형을 잘라서 직각삼각형을 만들었습니다. 물음에 답하세요.

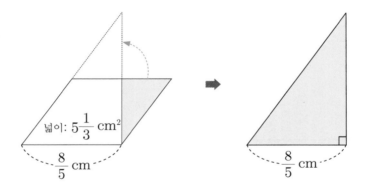

(1) 평행사변형의 높이는 몇 cm인가요?

( ) cm

(2) 직각삼각형의 높이는 평행사변형의 높이의 몇 배인가요?

( )배

(3) 직각삼각형의 높이는 몇 cm인가요?

( ) cm

개념 다시보기

 나눗셈을 두가지 방법으로 계산해 보세요.

① $3\dfrac{2}{3} \div \dfrac{2}{3}$　**방법1**　$3\dfrac{2}{3} \div \dfrac{2}{3} = \dfrac{\square}{\square} \div \dfrac{\square}{\square} = \square \div \square = \dfrac{\square}{\square} = \square$

방법2　$3\dfrac{2}{3} \div \dfrac{2}{3} = \dfrac{\square}{\square} \div \dfrac{\square}{\square} = \dfrac{\square}{\square} \times \dfrac{\square}{\square} = \dfrac{\square}{\square} = \square$

② $2\dfrac{5}{7} \div \dfrac{3}{7}$　**방법1**　$2\dfrac{5}{7} \div \dfrac{3}{7} = \dfrac{\square}{\square} \div \dfrac{\square}{\square} = \square \div \square = \dfrac{\square}{\square} = \square$

방법2　$2\dfrac{5}{7} \div \dfrac{3}{7} = \dfrac{\square}{\square} \div \dfrac{\square}{\square} = \dfrac{\square}{\square} \times \dfrac{\square}{\square} = \dfrac{\square}{\square} = \square$

③ $4\dfrac{1}{2} \div \dfrac{3}{5}$　**방법1**　$4\dfrac{1}{2} \div \dfrac{3}{5} = \dfrac{\square}{\square} \div \dfrac{\square}{\square} = \dfrac{\square}{\square} \div \dfrac{\square}{\square} = \square \div \square = \dfrac{\square}{\square} = \square$

방법2　$4\dfrac{1}{2} \div \dfrac{3}{5} = \dfrac{\square}{\square} \div \dfrac{\square}{\square} = \dfrac{\square}{\square} \times \dfrac{\square}{\square} = \dfrac{\square}{\square} = \square$

도전해 보세요

① □ 안에 들어갈 수 있는 자연수를 모두 찾아 써 보세요.

$$12 < \dfrac{\square}{5} < 2\dfrac{4}{5} \div \dfrac{2}{9}$$

(　　　　　　　　)

② 소수를 분수로 바꾸어 계산해 보세요.

(1) $5.1 \div 0.3 =$

(2) $6.3 \div 0.7 =$

7단계 자연수의 나눗셈을 이용한 (소수)÷(소수)

◀ 개념연결

4-2소수의 덧셈과 뺄셈	6-1소수의 나눗셈	(소수)÷(소수)	6-2소수의 나눗셈
소수 사이의 관계	(소수)÷(자연수)		(소수)÷(소수)
$1.5 \times 10 = \boxed{15}$	$3.6 \div 3 = \boxed{1.2}$	$1.2 \div 0.3 = \boxed{4}$	$0.3 \overline{)4.8}^{\boxed{16}}$

◀ 배운 것을 기억해 볼까요?

1 (1) $4.5 \times 10 =$

   (2) $0.27 \times 100 =$

2 (1) $4.8 \div 2 =$

   (2) $4.5 \div 3 =$

자연수의 나눗셈을 이용한 (소수)÷(소수)를 할 수 있어요.

30초 개념 ▶ 나누는 수와 나누어지는 수를 똑같이 10배, 100배 하여
(자연수)÷(자연수)로 계산해요.

1.5÷0.5의 계산

 ⟹ $1.5 \div 0.5 = 3$

방법 자연수의 나눗셈을 이용하기

$$\begin{array}{ccc} 1.5 & \div & 0.5 \\ \downarrow 10배 & & \downarrow 10배 \\ 15 & \div & 5 = 3 \end{array}$$

⟹ $1.5 \div 0.5 = 3$

1.5÷0.5와
15÷5의 몫은
같아요.

개념 익히기

 자연수의 나눗셈을 이용하여 계산해 보세요.

1 2.4÷0.6=

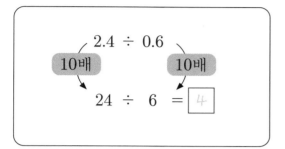

나누는 수와 나누어지는 수를
똑같이 10배 하여
(자연수)÷(자연수)로 계산해요.

2 5.4÷0.9=

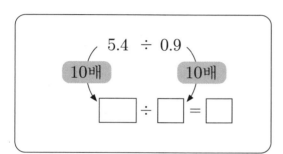

3 4.8÷0.8=

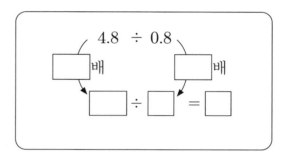

4 6.3÷0.7=

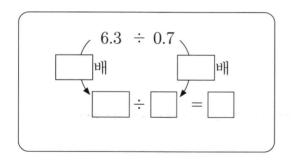

5 17.4÷0.3=

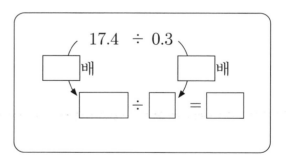

6 21.6÷0.4=

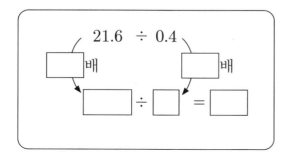

7 52.5÷0.7=

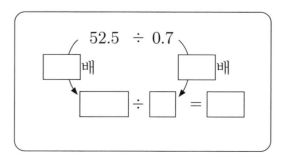

자연수의 나눗셈을 이용하여 계산해 보세요.

① $1.35 \div 0.05 = 27$

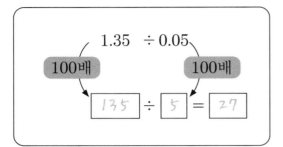

② $3.84 \div 0.06 =$

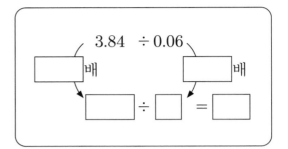

③ $0.98 \div 0.14 =$

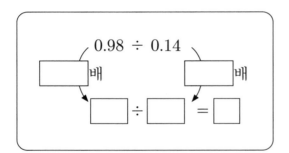

④ $7.92 \div 0.09 =$

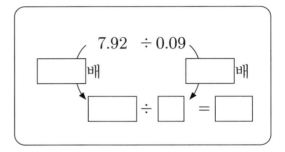

⑤ $2.34 \div 0.06 =$

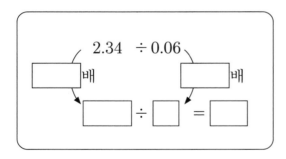

⑥ $3.74 \times 0.3 =$

⑦ $7.92 \div 0.33 =$

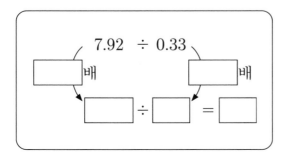

⑧ $5.05 \div 1.01 =$

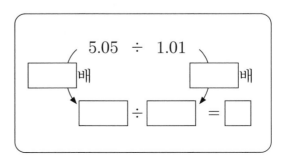

자연수의 나눗셈을 이용하여 계산해 보세요.

① 2.8÷0.7=

$$2.8 \div 0.7$$
10배   10배
$$28 \div 7 = 4$$

② 22.5÷0.3=

③ 0.84÷0.12=

④ 4.34÷0.07=

⑤ 9.6÷1.6=

⑥ 3.6÷0.2=

⑦ 7.68÷0.08=

⑧ 3.84÷0.16=

개념 키우기

 문제를 해결해 보세요.

1 선물 상자 하나를 포장하는 데 리본 0.6 m가 필요합니다.
  리본 14.4 m로 선물 상자를 몇 개까지 포장할 수 있나요?

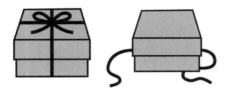

(   )개

2 길이가 1.35 km인 가로수 길의 양쪽으로 은행나무와 단풍나무를 처음부터 끝까지
  일정한 간격으로 심으려고 합니다. 그림을 보고 물음에 답하세요.

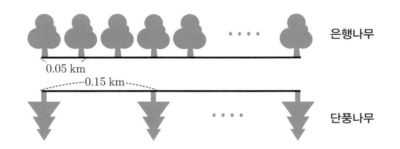

(1) 은행나무 사이의 간격 수는 몇 개인가요?

(   )개

(2) 처음부터 은행나무를 심으려면 은행나무는 몇 그루가 필요한가요?

(   )그루

(3) 단풍나무 사이의 간격 수는 몇 개인가요?

(   )개

(4) 처음부터 단풍나무를 심으려면 단풍나무는 몇 그루가 필요한가요?

(   )그루

개념 다시보기

 자연수의 나눗셈을 이용하여 계산해 보세요.

1 $4.2 \div 0.6 =$

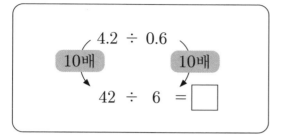

2 $8.1 \div 0.9 =$

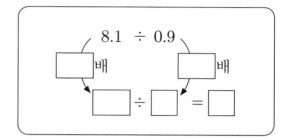

3 $25.2 \div 4.2 =$

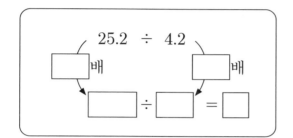

4 $1.28 \div 0.08 =$

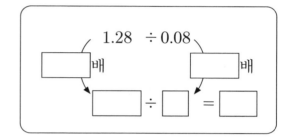

5 $1.62 \div 0.27 =$

6 $5.32 \div 0.28 =$

7 $8.7 \div 0.3 =$

8 $12.72 \div 0.53 =$

도전해 보세요

1 2에서 5까지의 자연수를 한 번씩만 사용하여 ☐ 안에 들어갈 알맞은 수를 써넣으세요.

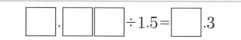

2 자연수의 나눗셈을 이용하여 계산해 보세요.

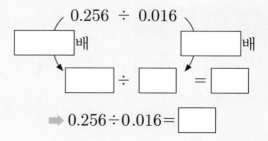

➡ $0.256 \div 0.016 =$ ☐

자릿수가 같은 (소수)÷(소수)

개념연결

6-1소수의 나눗셈	6-2소수의 나눗셈	자릿수가 같은 (소수)÷(소수)	6-2소수의 나눗셈
(소수)÷(자연수)	(소수)÷(소수)	$\frac{13}{0.5)\overline{6.5}}$	자릿수가 다른 (소수)÷(소수)
3.6÷3= 1.2	1.5÷0.5= 3		$\frac{2.5}{2.5)\overline{6.25}}$

배운 것을 기억해 볼까요?

1 (1) 6.3÷9=

(2) 5.4÷9=

2 (1) 7.2÷0.8=

(2) 6.4÷0.4=

자릿수가 같은 (소수)÷(소수)를 할 수 있어요.

30초 개념

나누는 수와 나누어지는 수의 소수점을 오른쪽으로 같은 자리만큼 옮겨서 계산해요.

6.4÷0.4의 계산

방법1 분수의 나눗셈으로 계산하기

$$6.4 \div 0.4 = \frac{64}{10} \div \frac{4}{10} = 64 \div 4 = 16$$

방법2 세로셈으로 계산하기

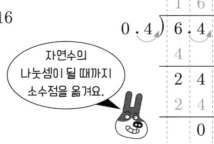

자연수의 나눗셈이 될 때까지 소수점을 옮겨요.

이런 방법도 있어요!

나누어지는 수와 나누는 수를 똑같이 10배하여 64÷4를 이용하여 계산할 수도 있어요.

$$6.4 \div 0.4$$
10배 ↓ ↓ 10배
$$64 \div 4 = 16$$
➡ $$6.4 \div 0.4 = 16$$

개념 익히기

계산해 보세요.

1 $8.5 \div 0.5$

(1) $8.5 \div 0.5 = \underset{①}{\dfrac{85}{10} \div \dfrac{5}{10}} = \underset{②}{85 \div 5} = \boxed{}$

분수의 나눗셈으로 바꾸어 분모가 같으면 분자끼리 나눠요.

(2)

$$0.5 \overline{)8.5}$$

소수점을 똑같이 옮기고 자연수의 나눗셈과 같은 방법으로 계산해요.

2 (1) $2.8 \div 0.4$

$= \dfrac{\boxed{}}{10} \div \dfrac{\boxed{}}{10} = \boxed{} \div \boxed{} = \boxed{}$

(2)

$$0.4 \overline{)2.8}$$

3 (1) $3.6 \div 0.6$

$= \dfrac{\boxed{}}{10} \div \dfrac{\boxed{}}{10} = \boxed{} \div \boxed{} = \boxed{}$

(2)

$$0.6 \overline{)3.6}$$

4 (1) $4.9 \div 0.7$

$= \dfrac{\boxed{}}{10} \div \dfrac{\boxed{}}{10} = \boxed{} \div \boxed{} = \boxed{}$

(2)

$$0.7 \overline{)4.9}$$

5 (1) $9.6 \div 0.8$

$= \dfrac{\boxed{}}{10} \div \dfrac{\boxed{}}{10} = \boxed{} \div \boxed{} = \boxed{}$

(2)

$$0.8 \overline{)9.6}$$

계산해 보세요.

1 (1) $4.34 \div 0.31$

$$= \frac{\boxed{}}{100} \div \frac{\boxed{}}{100} = \boxed{} \div \boxed{}$$

$$= \boxed{}$$

(2)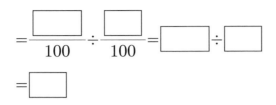

2 (1) $2.53 \div 0.23$

$$= \frac{\boxed{}}{\boxed{}} \div \frac{\boxed{}}{\boxed{}} = \boxed{} \div \boxed{}$$

$$= \boxed{}$$

(2)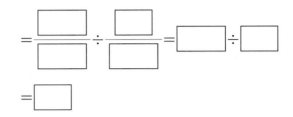

3 (1) $8.05 \div 0.35$

$$= \frac{\boxed{}}{\boxed{}} \div \frac{\boxed{}}{\boxed{}} = \boxed{} \div \boxed{}$$

$$= \boxed{}$$

(2)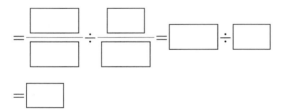

4 (1) $9.18 \div 0.27$

$$= \frac{\boxed{}}{\boxed{}} \div \frac{\boxed{}}{\boxed{}} = \boxed{} \div \boxed{}$$

$$= \boxed{}$$

(2)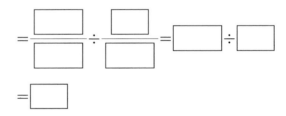

5 (1) $4.62 \div 0.07$

$$= \frac{\boxed{}}{\boxed{}} \div \frac{\boxed{}}{\boxed{}} = \boxed{} \div \boxed{}$$

$$= \boxed{}$$

(2)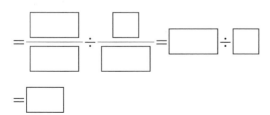

6 (1) $5.52 \div 0.69$

$$= \frac{\boxed{}}{\boxed{}} \div \frac{\boxed{}}{\boxed{}} = \boxed{} \div \boxed{}$$

$$= \boxed{}$$

(2)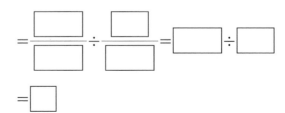

계산해 보세요.

1 1.56÷0.26

2 5.94÷0.22

3 14.4÷1.2

4 7.2÷0.9

5 2.24÷0.32

6 4.41÷0.49

7 46.4÷58

8 56.7÷6.3

9 12.48÷0.48

10 9.12÷0.38

개념 키우기

✏️ 문제를 해결해 보세요.

1. 넓이가 51.6 m²인 텃밭이 있습니다.
   가로의 길이가 4.3 m일 때 세로의 길이는 몇 m인지 구해 보세요.

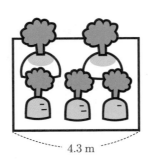

4.3 m

(   ) m

2. 직육면체 모양의 수영장에 물을 채우려고 합니다. 그림을 보고 물음에 답하세요.

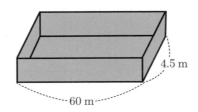

4.5 m

60 m

(1) 수영장의 밑면의 넓이는 몇 m²인가요?

(   ) m²

(2) 깊이가 1.25 m가 되도록 물을 채우면 물의 부피는 몇 m³인가요?

(   ) m³

(3) 한 시간에 22.5 m³씩 물을 채울 때 깊이가 1.25 m가 되려면 몇 시간 동안 물을
   채워야 할까요?

(   )시간

개념 다시보기

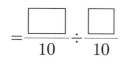 계산해 보세요.

1 (1) $6.4 \div 0.8$

$$= \frac{\boxed{}}{10} \div \frac{\boxed{}}{10}$$

$$= \boxed{} \div \boxed{} = \boxed{}$$

(2) $0.8 \overline{)6.4}$

2 (1) $2.85 \div 0.15$

$$= \frac{\boxed{}}{\boxed{}} \div \frac{\boxed{}}{\boxed{}}$$

$$= \boxed{} \div \boxed{} = \boxed{}$$

(2) $0.15 \overline{)2.85}$

3 $9.8 \div 0.7 =$

4 $7.42 \div 0.53 =$

5 $4.8 \div 0.3 =$

6 $5.92 \div 0.74 =$

도전해 보세요

1 계산해 보세요.

(1) $0.748 \div 0.044 =$

(2) $0.325 \div 0.025 =$

2 주어진 식에서 ★의 값을 구해 보세요.

$$★ \times ★ \times 3.14 = 28.26$$

(   )

자릿수가 다른

(소수)÷(소수)

개념연결

6-1 소수의 나눗셈	6-2 소수의 나눗셈		6-2 소수의 나눗셈
(소수)÷(자연수)	자릿수가 같은 (소수)÷(소수)	자릿수가 다른 (소수)÷(소수)	(자연수)÷(소수)
25.26÷3=8.42	$\frac{18}{0.4\,\big)\,7.2}$	$\frac{1.9}{2.4\,\big)\,4.56}$	48÷2.4=20

배운 것을 기억해 볼까요?

1 (1) 4.8

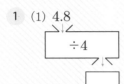

(2) 29.6

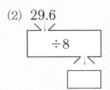

2 (1) 7.2÷0.6=

(2) 5.4÷0.3=

자릿수가 다른 (소수)÷(소수)를 할 수 있어요.

30초 개념 나누는 수와 나누어지는 수의 소수점을 오른쪽으로 같은 자리만큼 옮겨서 계산해요.

5.32÷2.8의 계산

방법1 분수의 나눗셈으로 계산하기

$$5.32 \div 2.8 = \frac{53.2}{10} \div \frac{28}{10} = 53.2 \div 28 = 1.9$$

나누는 수가 자연수가 될 때까지 소수점을 옮겨요.

방법2 세로셈으로 계산하기

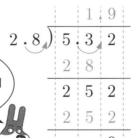

몫의 소수점은 나누어지는 수의 옮겨진 소수점의 위치와 같아요.

이런 방법도 있어요!

532÷280을 이용하여 계산할 수도 있어요.

5.32 ÷ 2.8

100배   100배

532 ÷ 280 =1.9

➡ 5.32 ÷ 2.8 =1.9

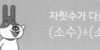

 계산해 보세요.

1 $6.72 \div 0.8$　(1) $6.72 \div 0.8 = \dfrac{67.2}{10} \div \dfrac{8}{10} = 67.2 \div 8 = \boxed{}$

> 분수의 나눗셈으로 바꾸어 분모가 같으면 분자끼리 나눠요.

(2)
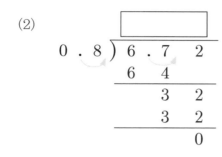

> 소수점을 똑같이 옮기고 자연수의 나눗셈과 같은 방법으로 계산해요.

2 (1) $5.32 \div 0.7$

$= \dfrac{\boxed{}}{10} \div \dfrac{\boxed{}}{10} = \boxed{} \div \boxed{} = \boxed{}$

(2)
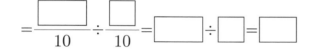

3 (1) $2.36 \div 0.4$

$= \dfrac{\boxed{}}{10} \div \dfrac{\boxed{}}{10} = \boxed{} \div \boxed{} = \boxed{}$

(2)
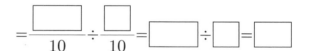

4 (1) $2.85 \div 0.5$

$= \dfrac{\boxed{}}{10} \div \dfrac{\boxed{}}{10} = \boxed{} \div \boxed{} = \boxed{}$

(2)
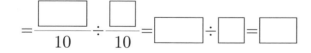

5 (1) $6.57 \div 0.9$

$= \dfrac{\boxed{}}{10} \div \dfrac{\boxed{}}{10} = \boxed{} \div \boxed{} = \boxed{}$

(2)
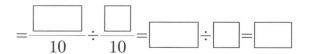

계산해 보세요.

1 (1) $3.45 \div 1.5$

$$= \frac{\boxed{}}{10} \div \frac{\boxed{}}{10} = \boxed{} \div \boxed{}$$

$$= \boxed{}$$

(2) $1.5 \overline{)3.45}$

2 (1) $5.88 \div 1.2$

$$= \frac{\boxed{}}{\boxed{}} \div \frac{\boxed{}}{\boxed{}} = \boxed{} \div \boxed{}$$

$$= \boxed{}$$

(2) $1.2 \overline{)5.88}$

3 (1) $7.48 \div 3.4$

$$= \frac{\boxed{}}{\boxed{}} \div \frac{\boxed{}}{\boxed{}} = \boxed{} \div \boxed{}$$

$$= \boxed{}$$

(2) $3.4 \overline{)7.48}$

4 (1) $8.82 \div 6.3$

$$= \frac{\boxed{}}{\boxed{}} \div \frac{\boxed{}}{\boxed{}} = \boxed{} \div \boxed{}$$

$$= \boxed{}$$

(2) $6.3 \overline{)8.82}$

5 $9.75 + 1.8 =$

6 (1) $1.62 \div 1.8$

$$= \frac{\boxed{}}{\boxed{}} \div \frac{\boxed{}}{\boxed{}} = \boxed{} \div \boxed{}$$

$$= \boxed{}$$

(2) $1.8 \overline{)1.62}$

계산해 보세요.

1 2.38÷3.4

2 9.36÷5.2

3 9.24÷2.1

4 2.16÷0.8

5 0.68÷0.4

6 15.48÷3.6

7 2.16÷0.6

8 5.04÷2.8

9 7.92÷88

10 30.02÷7.9

개념 키우기

✏️ 문제를 해결해 보세요.

1 가로가 2.5 cm인 사진을 확대 복사하였더니 가로가 8.75 cm인 사진이 되었습니다.
   확대 후 가로의 길이는 몇 배 길어졌나요?

2.5 cm   8.75 cm

(   )배

2 집에서 학교까지 일정한 빠르기로 걸으면 16분이 걸립니다. 그림을 보고 물음에 답하세요.

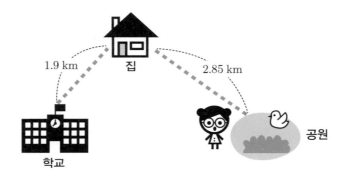

(1) 집에서 공원까지의 거리는 집에서 학교까지의 거리의 몇 배인가요?

(   )배

(2) 같은 빠르기로 집에서 공원까지 걸을 때 걸리는 시간은 몇 분인가요?

(   )분

(3) 학교에서 출발하여 집을 지나 공원까지 걸을 때 걸리는 시간은 몇 분인가요?

(   )분

개념 다시보기

✏️ 계산해 보세요.

1 (1) $1.65 \div 0.5$

$$= \frac{\boxed{}}{10} \div \frac{\boxed{}}{10}$$

$$= \boxed{} \div \boxed{} = \boxed{}$$

(2) $0.5\,)\overline{1.6\,5}$

2 (1) $1.05 \div 0.7$

$$= \frac{\boxed{}}{10} \div \frac{\boxed{}}{10}$$

$$= \boxed{} \div \boxed{} = \boxed{}$$

(2) $0.7\,)\overline{1.0\,5}$

3 $5.52 \div 4.6 =$

4 $8.64 \div 5.4 =$

5 $15.68 \div 3.2 =$

6 $5.52 \div 2.4 =$

도전해 보세요

1 잘못 계산한 곳을 찾아 바르게 고치고
계산이 잘못된 이유를 적어 보세요.

$$
\begin{array}{r}
0.1\,6 \\
1.3\,)\overline{2.0\,8} \\
1\ 3 \\
\hline
7\ 8 \\
7\ 8 \\
\hline
0
\end{array}
$$

➡️ □

이유 _____

_____

2 계산해 보세요.

(1) $72.5 \div 1.45 =$

(2) $108.4 \div 2.71 =$

개념연결

6-1 소수의 나눗셈	6-2 소수의 나눗셈	(자연수)÷(소수)	6-2 소수의 나눗셈
(소수)÷(자연수)	(소수)÷(소수)		몫을 소수 첫째 자리에서 반올림하기
45.6÷6=[7.6]	$\frac{2.5}{4.3\overline{)10.75}}$	36÷1.2=[30]	1.3÷0.7 → [2]

배운 것을 기억해 볼까요?

1

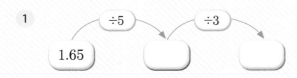

1.65 ──÷5──→ ☐ ──÷3──→ ☐

2 (1) 7.04÷4.4=

(2) 30.8÷4.4=

(자연수)÷(소수)의 계산 원리를 이해하고 계산할 수 있어요.

30초 개념

나누는 수와 나누어지는 수의 소수점을 오른쪽으로 같은 자리만큼 옮겨서 계산해요.

12÷1.5의 계산

방법1 분수의 나눗셈으로 계산하기

$$12÷1.5=\frac{120}{10}÷\frac{15}{10}=120÷15=8$$

방법2 세로셈으로 계산하기

나누는 수가 자연수가 될 때까지 소수점을 옮겨요.

$$1.5\overline{)12.0}$$
$$8$$
$$120$$
$$0$$

몫의 소수점은 나누어지는 수의 옮겨진 소수점의 위치와 같아요.

이런 방법도 있어요!

나누는 수와 나누어지는 수를 모두 10배하여 120÷15를 이용하여 계산할 수도 있어요.

12 ÷ 1.5
10배   10배
120 ÷ 15 =8
⇒ 12 ÷ 1.5 =8

개념 익히기

✏️ 계산해 보세요.

① 15÷0.6 (1) $15 \div 0.6 = \dfrac{150}{10} \div \dfrac{6}{10} = 150 \div 6 =$ ☐

분수의 나눗셈으로 바꾸어 분모가 같으면 분자끼리 나눠요.

$$
\begin{array}{r}
\boxed{} \\
0.6\,)\,\overline{1\ 5\ .\ 0} \\
1\ 2 \\
\hline
3\ 0 \\
3\ 0 \\
\hline
0
\end{array}
$$

소수점을 똑같이 옮기고 자연수의 나눗셈과 같은 방법으로 계산해요.

② (1) 36÷2.4

$= \dfrac{\boxed{}}{10} \div \dfrac{\boxed{}}{10} = \boxed{} \div \boxed{} = \boxed{}$

$$
\begin{array}{r}
\boxed{} \\
2\ .\ 4\,)\,\overline{3\ \ 6\ .\ 0} \\
\boxed{} \\
\boxed{} \\
\boxed{} \\
\hline
0
\end{array}
$$

③ (1) 54÷3.6

$= \dfrac{\boxed{}}{10} \div \dfrac{\boxed{}}{10} = \boxed{} \div \boxed{} = \boxed{}$

$$
\begin{array}{r}
\boxed{} \\
3\ .\ 6\,)\,\overline{5\ \ 4\ .\ 0} \\
\boxed{} \\
\boxed{} \\
\boxed{} \\
\hline
0
\end{array}
$$

④ (1) 55÷2.2

$= \dfrac{\boxed{}}{10} \div \dfrac{\boxed{}}{10} = \boxed{} \div \boxed{} = \boxed{}$

$$
\begin{array}{r}
\boxed{} \\
2\ .\ 2\,)\,\overline{5\ \ 5\ .\ 0} \\
\boxed{} \\
\boxed{} \\
\boxed{} \\
\hline
0
\end{array}
$$

⑤ (1) 65÷0.5

$= \dfrac{\boxed{}}{10} \div \dfrac{\boxed{}}{10} = \boxed{} \div \boxed{} = \boxed{}$

$$
\begin{array}{r}
\boxed{} \\
0\ .\ 5\,)\,\overline{6\ \ 5\ .\ 0} \\
\boxed{} \\
\boxed{} \\
\boxed{} \\
\hline
0
\end{array}
$$

계산해 보세요.

1 (1) $42 \div 5.25$

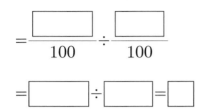

(2) $5.25 \overline{)42.00}$

2 (1) $13 \div 3.25$

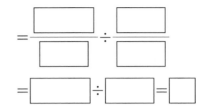

(2) $3.25 \overline{)13}$

3 (1) $92 \div 5.75$

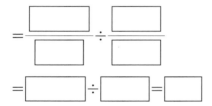

(2) $5.75 \overline{)92}$

4 (1) $34 \div 1.36$

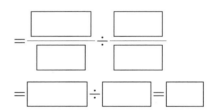

(2) $1.36 \overline{)34}$

5 (1) $29 \div 1.45$

(2) $1.45 \overline{)29}$

6 (1) $64 \div 2.56$

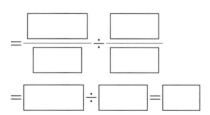

(2) $2.56 \overline{)64}$

(자연수)÷(소수) 　월　 　일　 ☆☆☆☆☆

✎ 계산해 보세요.

① 20÷1.25

② 87÷1.45

③ 9÷1.8

④ 58÷2.32

⑤ 266÷7.6

⑥ 84÷2.8

⑦ 187÷4.25

⑧ 1.25×0.6

⑨ 91÷6.5

⑩ 30÷3.75

문제를 해결해 보세요.

1 머핀 1개를 만드는 데 베이킹파우더 4.5 g이 필요합니다.
베이킹파우더 36 g으로 만들 수 있는 머핀은 몇 개인가요?

(　　　　　　　　　　)개

2 (가) 세제와 (나) 세제 중 같은 양을 비교했을 때 가격이 더 저렴한 것을 사려고 합니다.
그림을 보고 물음에 답하세요.

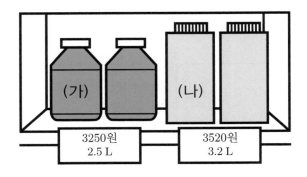

(1) (가) 세제는 1 L에 얼마인가요?

(　　　　　　　　　　)원

(2) (나) 세제는 1 L에 얼마인가요?

(　　　　　　　　　　)원

(3) (가)와 (나) 중 같은 양을 비교했을 때 가격이 더 저렴한 것은 어느 것인가요?

(　　　　　　　　　　)

계산해 보세요.

1 (1) $32 \div 0.5$

$$= \frac{\boxed{}}{10} \div \frac{\boxed{}}{10}$$

$$= \boxed{} \div \boxed{} = \boxed{}$$

(2)
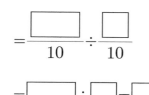
$0.5 \overline{)3\ 2}$

2 (1) $54 \div 3.6$

$$= \frac{\boxed{}}{10} \div \frac{\boxed{}}{10}$$

$$= \boxed{} \div \boxed{} = \boxed{}$$

(2)
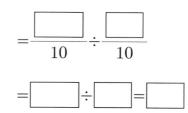
$3.6 \overline{)5\ 4}$

3 $8 \div 0.25 =$

4 $61 \div 2.44 =$

5 $9 \div 1.8 =$

6 $14 \div 1.75 =$

도전해 보세요

1 수 카드를 한 번씩만 사용하여 몫이 가장 큰 (자연수)÷(소수)의 나눗셈식을 만들고 계산해 보세요.

| 5 | 4 | 9 | . |

식 _____

답 _____

2 계산해 보세요.

(1) $30 \div 6.25 =$

(2) $78 \div 3.12 =$

개념연결

5-2수의 범위와 어림하기	5-2소수의 나눗셈	6-2소수의 나눗셈	(소수)÷(소수)
반올림	(자연수)÷(자연수) 몫을 소수 둘째 자리에서 반올림하기	(소수)÷(소수)	(소수)÷(소수) 몫을 소수 둘째 자리에서 반올림하기

5-2수의 범위와 어림하기

반올림

일의 자리까지
나타내기
$3.2 \longrightarrow$ 3

5-2소수의 나눗셈

(자연수)÷(자연수)
몫을 소수 둘째 자리에서
반올림하기

$4÷7=0.57\cdots \longrightarrow$ 0.6

6-2소수의 나눗셈

(소수)÷(소수)

$1.4\overline{)7.42}$ ... 5.3

(소수)÷(소수)
몫을 소수 둘째 자리에서
반올림하기

$1.3÷0.7=1.85\cdots \longrightarrow$ 1.9

배운 것을 기억해 볼까요?

1 (1) 51 $\xrightarrow{\text{일의 자리에서 올림}}$ ☐

(2) 876 $\xrightarrow{\text{십의 자리에서 버림}}$ ☐

2 (1) $5.5÷0.5=$

(2) $1.3÷0.5=$

소수의 나눗셈의 몫을 반올림하여 나타낼 수 있어요.

30초 개념 나눗셈이 나누어떨어지지 않으면 몫을 반올림하여 나타낼 수 있어요.

$1.3÷0.3$의 계산

몫을 소수 첫째 자리에서 반올림하면

$4.3\underline{3}\cdots \Rightarrow$ 4

몫을 소수 둘째 자리에서 반올림하면

$4.3\underline{3}\cdots \Rightarrow$ 4.3

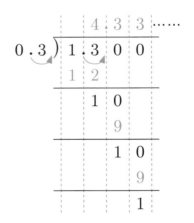

이런 방법도 있어요!

몫을 반올림하여 소수 첫째 자리까지 나타내어 보세요. $\Rightarrow$ 4.3

몫을 반올림하여 소수 둘째 자리까지 나타내어 보세요. $\Rightarrow$ 4.33

개념 익히기

✎ 나눗셈을 계산하고 몫을 소수 첫째 자리에서 반올림하여 나타내어 보세요.

① 2.3 ÷ 0.7 ➡ 3

구하려는 자리 바로 아래 자리의 숫자가 5 미만이면 버림하고 5 이상이면 올림해요.

몫의 소수 첫째 자리를 확인해요.

반올림

```
        3 . 2
0.7 ) 2 . 3   0
      2   1
      ─────────
          2   0
          1   4
      ─────────
              6
```

② 4.7 ÷ 0.9 ➡ ☐

반올림

```
0.9 ) 4 . 7   0
```

2

③ 1.1 ÷ 0.7 ➡ ☐

반올림

```
0.7 ) 1 . 1   0
```

5

④ 1.6 ÷ 0.6 ➡ ☐

반올림

```
0.6 ) 1 . 6   0
```

4

⑤ 59.8 ÷ 7 ➡ ☐

반올림

```
7 ) 5   9 . 8
```

3

나눗셈을 계산하고 몫을 소수 둘째 자리에서 반올림하여 나타내어 보세요.

1 5.2 ÷ 1.9 ➡ ⬚

```
      ⎽⎽⎽⎽⎽⎽⎽⎽⎽
1.9 ) 5.2 0 0
```

2 16.9 ÷ 7 ➡ ⬚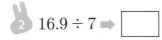

```
    ⎽⎽⎽⎽⎽⎽⎽
7 ) 1 6.9
```

3 6 ÷ 1.1 ➡ ⬚

```
          ⎽⎽⎽⎽⎽⎽
1.1  6 )
```

4 17 ÷ 6 ➡ ⬚

```
    ⎽⎽⎽⎽⎽⎽
6 ) 1 7
```

5 21.5 ÷ 9 ➡ ⬚

```
    ⎽⎽⎽⎽⎽⎽⎽⎽
9 ) 2 1.5
```

6 2.86 ÷ 0.7 ➡ ⬚

```
      ⎽⎽⎽⎽⎽⎽⎽⎽
0.7 ) 2.8 6
```

나눗셈을 계산하고 몫을 반올림하여 주어진 자리까지 나타내어 보세요.

1 $1.7 \div 0.6 \Rightarrow$ [   ]
(소수 첫째 자리까지)

```
            2 . 8 3
  0 . 6 ) 1 . 7 0 0
           1 2
           ─────
             5 0
             4 8
           ─────
               2 0
               1 8
             ─────
                 2
```

2 $5.2 \div 11 \Rightarrow$ [   ]
(소수 첫째 자리까지)

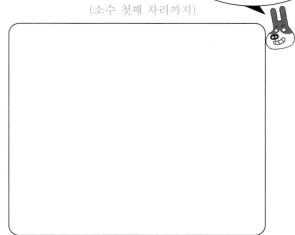

소수 첫째 자리까지
나타내려면 소수
둘째 자리까지 구해요.

3 $34 \div 7 \Rightarrow$ [   ]
(소수 첫째 자리까지)

4 $5.9 \div 0.9 \Rightarrow$ [   ]
(소수 둘째 자리까지)

소수 둘째 자리까지
나타내려면 소수
셋째 자리까지 구해요.

5 $4\dfrac{1}{5} \div \dfrac{3}{5}$

6 $1.69 \div 0.3 \Rightarrow$ [   ]
(소수 둘째 자리까지)

✎ 문제를 해결해 보세요.

1 찰흙 4.9 kg을 6명이 똑같이 나누어 가지려고 합니다. 한 사람이 약 몇 kg씩 가지게
되는지 소수 둘째 자리에서 반올림하여 구해 보세요.

약 (   ) kg

2 번개가 친 곳에서 7 km 떨어진 곳에서는 번개를 본 후 20초 뒤에 천둥소리를 들을 수 있습니다.
그림을 보고 물음에 답하세요.

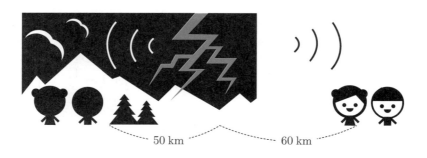

50 km   60 km

(1) 50 km는 7 km의 몇 배인가요? (소수 첫째 자리에서 반올림)

약 (   )배

(2) 천둥소리가 50 km를 가는 데 몇 분 몇 초가 걸릴까요?

약 (   )분 (   )초

(3) 60 km는 7 km의 몇 배인가요? (소수 둘째 자리에서 반올림)

약 (   )배

(4) 천둥소리가 60 km를 가는 데 몇 분 몇 초가 걸릴까요?

약 (   )분 (   )초

개념 다시보기

 나눗셈을 계산하고 몫을 반올림하여 나타내어 보세요.

① $1.6 \div 0.3 \Rightarrow$ ☐
(소수 첫째 자리에서 반올림)

$0.3\,\overline{)\,1.6\,}$

② $15.6 \div 0.9 \Rightarrow$ ☐
(소수 첫째 자리에서 반올림)

$0.9\,\overline{)\,1\,5.6\,}$

③ $5 \div 7 \Rightarrow$ ☐
(소수 둘째 자리에서 반올림)

$7\,\overline{)\,5\,}$

④ $14.1 \div 9 \Rightarrow$ ☐
(소수 둘째 자리에서 반올림)

$9\,\overline{)\,1\,4.1\,}$

⑤ $9.4 \div 1.2 \Rightarrow$ ☐
(소수 첫째 자리에서 반올림)

$1.2\,\overline{)\,9.4\,}$

⑥ $24 \div 13 \Rightarrow$ ☐
(소수 둘째 자리에서 반올림)

$1\,3\,\overline{)\,2\,4\,}$

도전해 보세요

① 나눗셈의 몫을 소수 일곱째 자리에서
반올림하여 나타내어 보세요.

$8 \div 22 \Rightarrow$ ☐

② 나눗셈의 몫을 소수 둘째 자리까지 올림
하고 버림하여 나타내어 보세요.

$2 \div 11$

올림한 수 _____

버림한 수 _____

개념연결

3-2나눗셈	4-1곱셈과 나눗셈	6-1소수의 나눗셈
나머지가 있는 (세 자리 수)÷(한 자리 수) $124÷3=\boxed{41}\cdots\boxed{1}$	나머지가 있는 (세 자리 수)÷(두 자리 수) $124÷37=\boxed{3}\cdots\boxed{13}$	(소수)÷(자연수) $\boxed{0.66}$ $2\,)\,\overline{1.32}$

7.2 mL를 3 mL 씩
나누어 주고 남는 양
몫: $\boxed{2}$ 번
남는 양: $\boxed{1.2}$ mL

배운 것을 기억해 볼까요?

1 (1) $4\,)\,\overline{2\ 8\ 9}$ ⬚ … ⬚ (2) $2\,7\,)\,\overline{6\ 8\ 5}$ ⬚ … ⬚

2 (1) $0.7÷2=$

(2) $1.44÷4=$

나누어 주고 남는 양을 알 수 있어요.

30초 개념 ▶ 남는 양의 소수점은 나누어지는 수의 처음 소수점의 자리에 맞추어 찍어요.

물 4.5 L를 한 사람에게 2 L씩 나누어 줄 때
나누어 줄 수 있는 사람 수와 남는 물의 양 알아보기

방법1 뺄셈으로 계산하기

2번
$4.5 - 2 - 2 = \boxed{0.5}$

⬇

사람 수: 2명   남는 양: 0.5 L

방법2 세로셈으로 계산하기

$$2\,)\,\overline{\begin{array}{c}2\\4.5\\4\\\hline 0.5\end{array}}$$

사람 수: 2명

남는 양: 0.5 L

이런 방법도 있어요!

$$2\,)\,\overline{\begin{array}{c}2.2\\4.5\\4\\\hline 5\\4\\\hline 0.1\end{array}}$$

2.2명은
존재할 수 없겠죠.

이런 실수를 하지
않도록 주의해요!

➡ 사람 수: ~~2.2명~~   남는 양: ~~0.1 L~~

나누어 주고 남는 양을 구해 보세요.

1 사과 21.4 kg을 한 상자에 4 kg씩 담을 때 상자 수와 남는 사과의 무게 알아보기

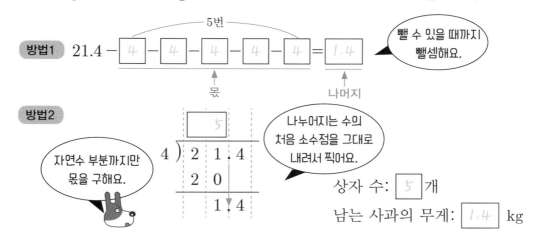

방법1 5번
21.4 − [4] − [4] − [4] − [4] − [4] = [1.4]
몫　　　나머지
뺄 수 있을 때까지 뺄셈해요.

방법2
자연수 부분까지만 몫을 구해요.

나누어지는 수의 처음 소수점을 그대로 내려서 찍어요.

```
     5
4 ) 2 1.4
    2 0
      1.4
```

상자 수: [5] 개
남는 사과의 무게: [1.4] kg

2 색 테이프 17.5 m를 한 사람에게 3 m씩 나누어 줄 때 나누어 줄 수 있는 사람 수와 남는 색 테이프의 길이 알아보기

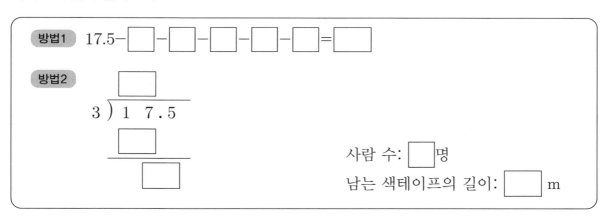

방법1 17.5 − [ ] − [ ] − [ ] − [ ] − [ ] = [ ]

방법2
```
     [ ]
3 ) 1 7.5
    [ ]
    [ ]
```

사람 수: [ ] 명
남는 색테이프의 길이: [ ] m

3 페인트 6 L로 벽 한 면을 모두 칠할 수 있을 때 페인트 25.5 L로 빈틈없이 칠할 수 있는 벽면 수와 남는 페인트의 양 알아보기

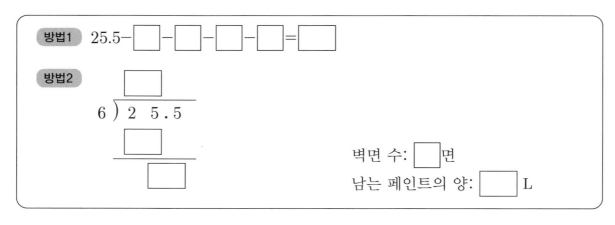

방법1 25.5 − [ ] − [ ] − [ ] − [ ] = [ ]

방법2
```
     [ ]
6 ) 2 5.5
    [ ]
    [ ]
```

벽면 수: [ ] 면
남는 페인트의 양: [ ] L

나눗셈의 몫을 자연수 부분까지 구하고 남는 수를 구해 보세요.

 1 $6\,\overline{)\,3\,4\,.\,7}$

2 $3\,\overline{)\,7.1}$

몫 (　　　　　)
남는 수 (　　　　　)

몫 (　　　　　)
남는 수 (　　　　　)

3 $4\,\overline{)\,1\,7.6}$

4 $5\,\overline{)\,2\,7.5}$

몫 (　　　　　)
남는 수 (　　　　　)

몫 (　　　　　)
남는 수 (　　　　　)

 5 $8\,\overline{)\,3\,4.4}$

6 $112 \div 13$

몫 (　　　　　)
남는 수 (　　　　　)

소수 첫째 자리에서
반올림한 수 (　　　　　)

7 $7\,\overline{)\,3\,4.9}$

8 $9\,\overline{)\,7\,2.9}$

몫 (　　　　　)
남는 수 (　　　　　)

몫 (　　　　　)
남는 수 (　　　　　)

나눗셈의 몫을 자연수 부분까지 구하고 남는 수를 구해 보세요.

1 35.2÷8

몫:_____ 남는 수:_____

2 14.3÷5

몫:_____ 남는 수:_____

3 54.9÷3

몫:_____ 남는 수:_____

4 83.27÷9

몫:_____ 남는 수:_____

5 85.9÷7

몫:_____ 남는 수:_____

6 6.27×0.6

7 120.7÷9

몫:_____ 남는 수:_____

8 91.55÷4

몫:_____ 남는 수:_____

개념 키우기

✎ 문제를 해결해 보세요.

1 포도 35.9 kg을 한 상자에 5 kg씩 나누어 담을 때 나누어 담을 수 있는 상자 수와 남는
포도의 무게는 얼마인지 구해 보세요.

나누어 담을 수 있는 상자 수 _____ 상자

남는 포도의 무게 _____ kg

2 책꽂이에 두께가 7.6 cm인 동화책 6권을 꽂고, 남는 부분에는 두께가 6.6 cm인 동화책을
꽂으려고 합니다. 그림을 보고 물음에 답하세요.

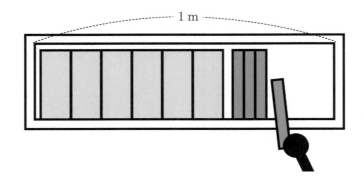

(1) 두께가 7.6 cm인 동화책 6권의 너비는 몇 cm인가요?

(   ) cm

(2) 너비가 1 m인 책꽂이에 두께가 7.6 cm인 동화책 6권을 꽂으면 몇 cm가 남나요?

(   ) cm

(3) 남는 부분에 두께가 6.6 cm인 동화책을 모두 몇 권 꽂을 수 있고
몇 cm가 남을까요?

(   )권 꽂을 수 있고 (   ) cm가 남습니다.

개념 다시보기

✎ 나눗셈의 몫을 자연수 부분까지 구하고 남는 수를 구해 보세요.

① 7) 2 3 . 5

몫 ( )
남는 수 ( )

② 5) 4 5 . 9

몫 ( )
남는 수 ( )

③ 6) 1 6 . 7

몫 ( )
남는 수 ( )

④ 9) 8 2 . 3

몫 ( )
남는 수 ( )

도전해 보세요

① 어떤 수를 9로 나누었더니 몫이 14이고 남는 수가 1.5였습니다. 어떤 수는 얼마인지 구해 보세요.

( )

② 나눗셈의 몫을 자연수 부분까지 구하고 남는 수를 구한 것입니다. 잘못된 곳을 찾아 바르게 계산해 보세요.

```
        1 . 1
0.8 ) 9 . 4 7
        8
      1 4
        8
      6 . 7
```

같은 수를 곱하는 비의 성질

개념연결

6-1 비와 비율	6-1 비와 비율	비의 성질	6-2 비례식과 비례배분
비 알아보기 $3:2$ 3대 [2] [3]과 2의 비 3의 [2]에 대한 비 2에 대한 [3]의 비	비율 구하기 $1:5$의 비율 분수: $\frac{1}{5}$ 소수: [0.2]	$3:4 \Rightarrow$ [9] : [12] $\times 3$ $\times 3$	간단한 자연수의 비 $0.8 : \frac{1}{5} =$ [4] : [1]

배운 것을 기억해 볼까요?

1 3 : 5의 비율

분수: _____   소수: _____

2

3의 10에 대한 비	•	•	$\frac{2}{3}$
2 : 3	•	•	0.3

같은 수를 곱하는 비의 성질을 알 수 있어요.

30초 개념 비의 전항과 후항에 0이 아닌 같은 수를 곱하여도 비율은 같아요.

전항과 후항

$3 : 2$
전항 후항

비 3 : 2에서 기호 '∶' 앞에 있는 3을 전항,
뒤에 있는 2를 후항이라고 해요.

곱셈을 이용하여 3 : 2와 비율이 같은 비 구하기

$$3 : 2 \implies 9 : 6$$
$\times 3$ $\times 3$

전항과 후항에 3을 곱해요.

3 : 2의 비율 $\Rightarrow \dfrac{3}{2}$, 9 : 6의 비율 $\Rightarrow \dfrac{9}{6} = \dfrac{3}{2}$ 0이 아닌 같은 수를 곱하여도
비율은 같아요.
└─── 같아요. ───┘

참고 비의 전항과 후항에 0을 곱하면 0 : 0이 돼요.
따라서 0이 아닌 수를 곱해야 해요.

같은 수를 곱하는 비의 성질 | 월 | 일 | ☆☆☆☆☆

비율이 같은 비를 구해 보세요.

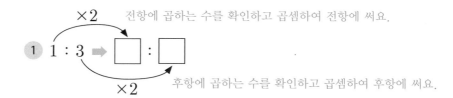

×2
전항에 곱하는 수를 확인하고 곱셈하여 전항에 써요.

① 1 : 3 ➡ ☐ : ☐

×2
후항에 곱하는 수를 확인하고 곱셈하여 후항에 써요.

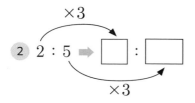
② 2 : 5 ➡ ☐ : ☐

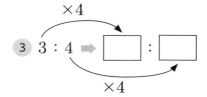
③ 3 : 4 ➡ ☐ : ☐

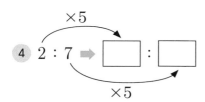
④ 2 : 7 ➡ ☐ : ☐

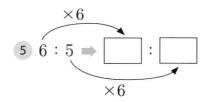
⑤ 6 : 5 ➡ ☐ : ☐

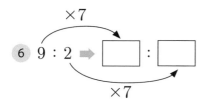
⑥ 9 : 2 ➡ ☐ : ☐

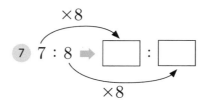
⑦ 7 : 8 ➡ ☐ : ☐

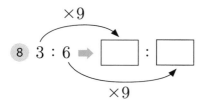
⑧ 3 : 6 ➡ ☐ : ☐

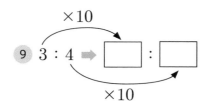
⑨ 3 : 4 ➡ ☐ : ☐

비율이 같은 비를 구해 보세요.

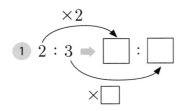

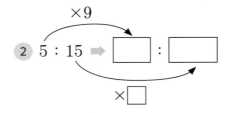

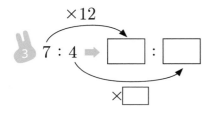

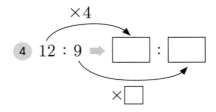

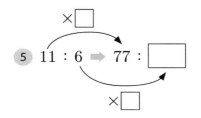

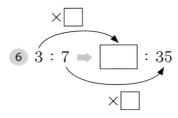

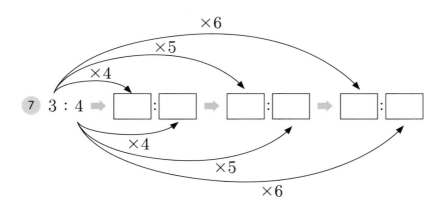

 8 9 : 8 ➡ 18 : ☐ ➡ 36 : ☐ ➡ 72 : ☐

곱셈을 이용하여 비율이 같은 비를 구해 보세요.

1 15 : 7 ×3

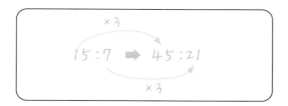

×3
15:7 ➡ 45:21
×3

2 6 : 8 ×9

3 13 : 4 ×8

4 16 : 12 ×5

5 7 : 20 ×12

6 15 : 4 ×7

7 2 : 5의 비율

분수:　　　　소수:

8 13 : 4의 비율

분수:　　　　소수:

9 3 : 13 ×6

10 5 : 17 ×20

개념 키우기

✎ 문제를 해결해 보세요.

① 스케치북 4권의 가격이 8000원일 때, 스케치북 16권의 가격은 얼마인지 비의 성질을
이용하여 구해 보세요.

(   )원

② 여권이나, 지원서 등에 사용하는 사진은 용도에 따라 크기가 다양합니다. 용도에 맞게 가로와
세로의 비를 확대하면 가로와 세로의 길이가 각각 얼마가 되는지 알아보려고 합니다.
그림을 보고 물음에 답하세요.

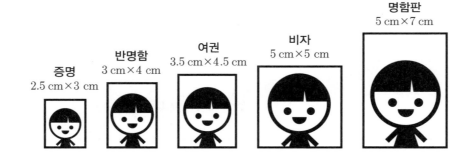

(1) 여권용 사진의 가로의 길이를 6배 확대하면 몇 cm인가요?

(   ) cm

(2) 여권용 사진의 세로의 길이를 6배 확대하면 몇 cm인가요?

(   ) cm

(3) 여권용 사진의 가로와 세로의 길이를 6배 확대했을 때 가로와 세로의 비는
얼마인가요?

(:   )

(4) 여권용 사진의 세로에 대한 가로의 비율은 얼마인가요?

(   )

개념 다시보기

✏️ 비율이 같은 비를 구해 보세요.

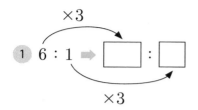

① 6 : 1 ➡ ☐ : ☐

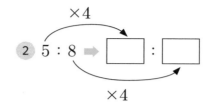

② 5 : 8 ➡ ☐ : ☐

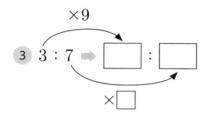

③ 3 : 7 ➡ ☐ : ☐

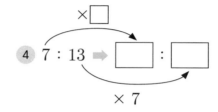

④ 7 : 13 ➡ ☐ : ☐

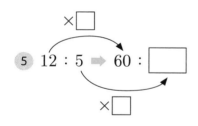

⑤ 12 : 5 ➡ 60 : ☐

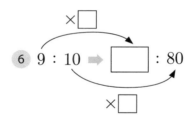

⑥ 9 : 10 ➡ ☐ : 80

도전해 보세요

① 2 : 7과 비율이 같도록 ☐ 안에 알맞은 수를 써넣으세요.

☐ : 14   8 : ☐   28 : ☐

② ☐ 안에 알맞은 수를 써넣으세요.

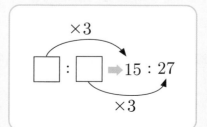

☐ : ☐ ➡ 15 : 27

개념연결

6-1비와 비율	6-2비례식과 비례배분		6-2비례식과 비례배분
비율 구하기	같은 수를 곱하는 비의 성질	같은 수로 나누는 비의 성질	간단한 자연수의 비
3 : 4의 비율			

3 : 4의 비율

분수: $\dfrac{3}{4}$ 소수: 0.75

$3:4 \xrightarrow[\times 4]{\times 4} \boxed{12}:\boxed{16}$

$30:12 \xrightarrow[\div 3]{\div 3} \boxed{10}:\boxed{4}$

$0.2:0.6 \rightarrow \boxed{1}:\boxed{3}$

배운 것을 기억해 볼까요?

1 (1) 4 : 5 의 비율   (2) 7 : 4 의 비율

분수: _____   분수: _____

소수: _____   소수: _____

2

4 : 3 •   • 16 : 28

4 : 5 •   • 8 : 6

4 : 7 •   • 12 : 15

같은 수로 나누는 비의 성질을 알 수 있어요.

30초 개념 비의 전항과 후항을 0이 아닌 같은 수로 나누어도 비율은 같아요.

나눗셈을 이용하여 10 : 30과 비율이 같은 비 구하기

$10 : 30 \xrightarrow[\div 5]{\div 5} 2 : 6$

전항과 후항을 5로 나누어요.

10 : 30의 비율 ➡ $\dfrac{10}{30} = \dfrac{1}{3}$

2 : 6의 비율 ➡ $\dfrac{2}{6} = \dfrac{1}{3}$

같아요.

0이 아닌 같은 수로 나누어도 비율은 같아요.

참고 어떤 수든 0으로 나눌 수 없어요. 따라서 0이 아닌 수로 나누어야 해요.

개념 익히기

✏️ 비율이 같은 비를 구해 보세요.

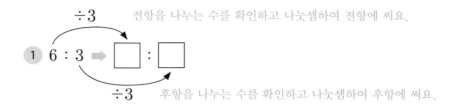

÷3　　전항을 나누는 수를 확인하고 나눗셈하여 전항에 써요.

① 6 : 3 ➡ ☐ : ☐

÷3　　후항을 나누는 수를 확인하고 나눗셈하여 후항에 써요.

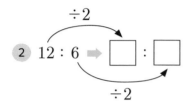

÷2

② 12 : 6 ➡ ☐ : ☐

÷2

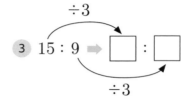

÷3

③ 15 : 9 ➡ ☐ : ☐

÷3

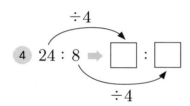

÷4

④ 24 : 8 ➡ ☐ : ☐

÷4

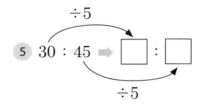

÷5

⑤ 30 : 45 ➡ ☐ : ☐

÷5

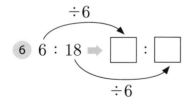

÷6

⑥ 6 : 18 ➡ ☐ : ☐

÷6

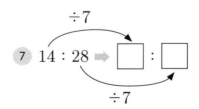

÷7

⑦ 14 : 28 ➡ ☐ : ☐

÷7

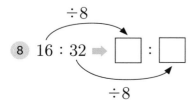

÷8

⑧ 16 : 32 ➡ ☐ : ☐

÷8

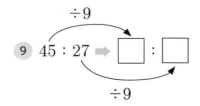

÷9

⑨ 45 : 27 ➡ ☐ : ☐

÷9

비율이 같은 비를 구해 보세요.

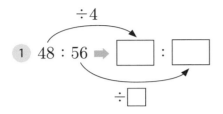

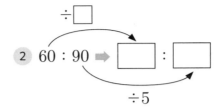

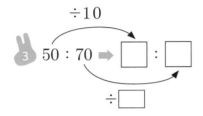

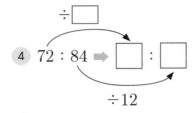

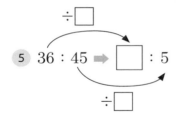

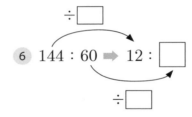

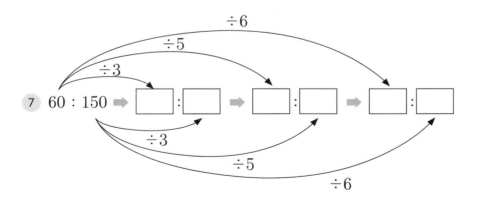

나눗셈을 이용하여 비율이 같은 비를 구해 보세요.

① 21 : 90   ÷3

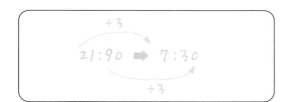

```
        ÷3
21:90 ➡ 7:30
        ÷3
```

② 36 : 72   ÷9

③ 54 : 96   ÷6

④ 25 : 125   ÷5

⑤ 52 : 169   ÷13

⑥ 36 : 72   ÷36

⑦ 6 : 5   ×13

⑧ 56 : 48   ÷4

⑨ 360 : 264   ÷24

⑩ 3 : 4   ×23

개념 키우기

✎ 문제를 해결해 보세요.

1 구슬 40개의 가격이 3000원일 때, 구슬 8개의 가격은 얼마인지 비의 성질을 이용해서 구해 보세요.

(　　　　　　　　)원

2 조선 시대의 수도인 한양(옛 서울의 이름)에는 동, 서, 남, 북의 4대문과 4대문 사이의 4소문이 있었습니다. 서울의 4대문과 4소문을 지도에 나타내려고 합니다. 그림을 보고 물음에 답하세요.

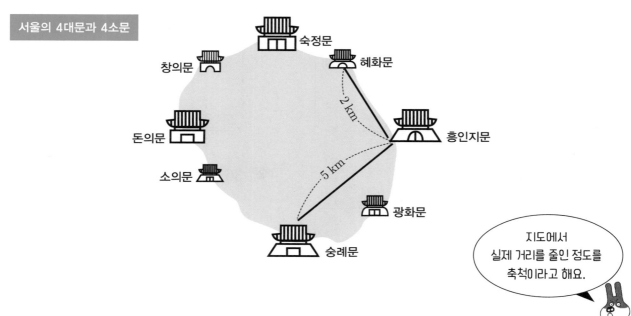

지도에서 실제 거리를 줄인 정도를 축척이라고 해요.

(1) 흥인지문에서 혜화문까지의 실제 직선거리는 2 km이고 지도에서의 거리는 2 cm일 때 지도의 축척은 얼마인가요?

(　　　: 　　　)

(2) (1)에서 구한 축척대로 한다면 흥인지문에서 숭례문까지의 실제 직선거리 5 km를 몇 cm로 나타내야 할까요?

(　　　　　　) cm

(3) 흥인지문에서 숭례문까지의 지도상 거리가 10 cm일 때 지도의 축척은 얼마인가요?

(　　　: 　　　)

개념 다시보기

✏️ 비율이 같은 비를 구해 보세요.

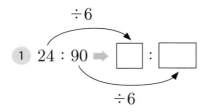

1 24 : 90 ➡ ☐ : ☐

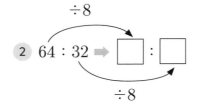

2 64 : 32 ➡ ☐ : ☐

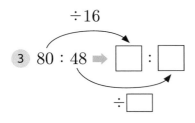

3 80 : 48 ➡ ☐ : ☐

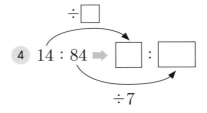

4 14 : 84 ➡ ☐ : ☐

5 72 : 84 ➡ 18 : ☐

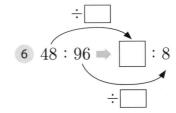

6 48 : 96 ➡ ☐ : 8

도전해 보세요

1 36 : 48과 비율이 같도록 ☐ 안에 알맞은 수를 써넣으세요.

☐ : 8   3 : ☐   9 : ☐

2 간단한 자연수의 비로 나타내어 보세요.

0.7 : 4.9

(   )

15단계 간단한 자연수의 비로 나타내기

6-2비례식과 비례배분	6-2비례식과 비례배분		6-2비례식과 비례배분
같은 수를 곱하는 비의 성질	같은 수로 나누는 비의 성질	간단한 자연수의 비	비례식의 성질

$$\times 3$$
$$3 : 4 \Rightarrow \boxed{9} : \boxed{12}$$
$$\times 3$$

$$\div 3$$
$$30 : 12 \Rightarrow \boxed{10} : \boxed{4}$$
$$\div 3$$

$$0.8 : \frac{1}{5} \Rightarrow \boxed{4} : \boxed{1}$$

$$3 : 4 = \boxed{9} : 12$$
$$\Rightarrow 3 \times 12 = 4 \times \boxed{9}$$

배운 것을 기억해 볼까요?

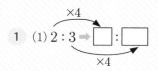 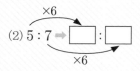  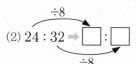

1 (1) $2 : 3 \Rightarrow \boxed{} : \boxed{}$ ($\times 4$)

(2) $5 : 7 \Rightarrow \boxed{} : \boxed{}$ ($\times 6$)

2 (1) $12 : 16 \Rightarrow \boxed{} : \boxed{}$ ($\div 4$)

(2) $24 : 32 \Rightarrow \boxed{} : \boxed{}$ ($\div 8$)

소수 또는 분수의 비를 간단한 자연수의 비로 나타낼 수 있어요.

30초 개념

소수의 비는 전항과 후항에 10, 100, 1000…… 등 10의 배수를 곱하여 자연수의 비로 나타내고 최대공약수로 나눠요.

분수의 비는 전항과 후항에 두 분모의 최소공배수를 곱하여 자연수의 비로 나타내고 최대공약수로 나눠요.

$0.6 : \frac{1}{5}$ 을 간단한 자연수의 비로 나타내기

방법1 소수로 바꾸어 계산하기

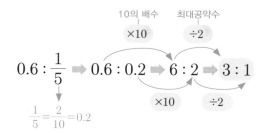

방법2 분수로 바꾸어 계산하기

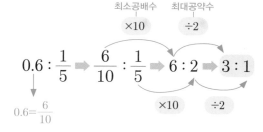

이런 방법도 있어요!

전항과 후항을 0.2로 한 번에 나누어 줄 수도 있어요.

$$0.6 : \frac{1}{5} \Rightarrow 0.6 : 0.2 \Rightarrow 3 : 1$$
(÷0.2)

개념 익히기

 간단한 자연수의 비로 나타내어 보세요.

소수를 자연수로 만들어 줄 수 있는 10의 배수를 곱해요.

① $0.3 : 0.7$ ➡ $\square : \square$ （×10, ×10）

② $0.15 : 0.23$ ➡ $\square : \square$ （×100, ×100）

최대공약수로 나누면 가장 간단해져요.

③ $0.12 : 0.53$ ➡ $\square : \square$ （×100, ×100）

④ $0.2 : 0.8$ ➡ $\square : \square$ ➡ $\square : \square$ （×10, ×10, ÷2, ÷2）

⑤ $1.5 : 0.5$ ➡ $\square : \square$ ➡ $\square : \square$ （×10, ×10, ÷$\square$, ÷$\square$）

두 분모의 최소공배수를 곱해요.

⑥ $\dfrac{1}{3} : \dfrac{1}{4}$ ➡ $\square : \square$ （×12, ×12）

⑦ $\dfrac{3}{5} : \dfrac{1}{3}$ ➡ $\square : \square$ （×$\square$, ×15）

⑧ $\dfrac{7}{10} : \dfrac{5}{12}$ ➡ $\square : \square$ （×60, ×$\square$）

최대공약수로 나누면 가장 간단해져요.

⑨ $\dfrac{3}{4} : \dfrac{6}{7}$ ➡ $\square : \square$ ➡ $\square : \square$ （×28, ×$\square$, ÷$\square$, ÷3）

⑩ $2\dfrac{1}{5} : \dfrac{1}{6}$ ➡ $\dfrac{\square}{\square} : \dfrac{\square}{\square}$ ➡ $\square : \square$ （×30, ×$\square$）

대분수 → 가분수로 고쳐요.

간단한 자연수의 비로 나타내어 보세요.

① 0.5 : 8.1 ➡
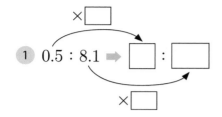

② $\dfrac{1}{6}$: $\dfrac{5}{9}$ ➡
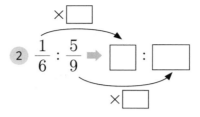

③ 0.31 : 1.62 ➡
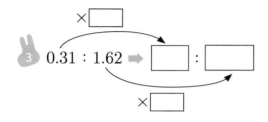

④ $\dfrac{6}{7}$: $\dfrac{5}{12}$ ➡
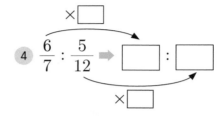

⑤ 2.1 : 4.9 ➡
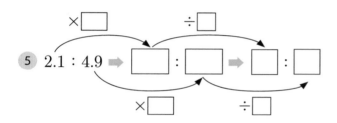

⑥ $\dfrac{5}{7}$: $\dfrac{5}{9}$ ➡
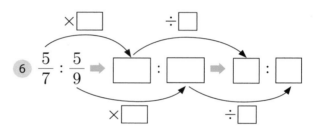

⑦ 0.36 : 0.54 ➡
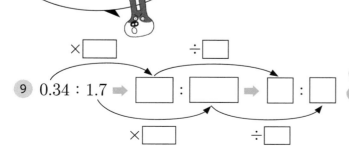

⑧ 18과 24의

　┌ 최대공약수: _____

　└ 최소공배수: _____

소수의 자릿수가 다를 때는 두 소수 모두를 자연수로 만들어 줄 수 있는 10의 배수를 곱해요.

⑨ 0.34 : 1.7 ➡

⑩ $\dfrac{4}{5}$: $\dfrac{8}{9}$ ➡
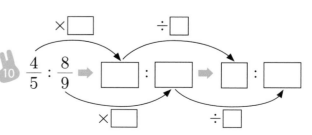

간단한 자연수의 비로 나타내어 보세요.

① $0.9 : \dfrac{3}{5}$ ➡ ☐ : ☐

② $2.8 : 1\dfrac{3}{4}$ ➡ ☐ : ☐

③ $\dfrac{7}{12} : 2.1$ ➡ ☐ : ☐

④ $1\dfrac{1}{2} : 1.8$ ➡ ☐ : ☐

⑤ $\dfrac{4}{5} : 0.6$ ➡ ☐ : ☐

⑥ $1.25 : 2\dfrac{1}{4}$ ➡ ☐ : ☐

⑦ $0.42 : 1\dfrac{3}{25}$ ➡ ☐ : ☐

⑧ $3\dfrac{1}{3} : 2.5$ ➡ ☐ : ☐

개념 키우기

✎ 문제를 해결해 보세요.

1 감 한 개와 수박 한 통의 무게의 비를 가장 간단한 자연수의 비로 나타내어 보세요.

감: 0.5 kg   수박: 4.5 kg

(   )

2 레몬과 설탕을 1 : 1 로 섞어서 숙성시키면 레몬청을 만들 수 있습니다. 레몬청에 따뜻한 물을 넣어 레몬차로 마시면 감기에 효과가 좋다고 합니다. 두 사람이 레몬차를 만들었는데 누가 만든 레몬차가 더 진한지 알아보려고 합니다. 그림을 보고 물음에 답하세요.

예나: 물 280 g과 레몬청 160 g

준성: 물 $\dfrac{7}{10}$ 컵과 레몬청 $\dfrac{3}{10}$ 컵

(1) 예나가 만든 레몬차의 물과 레몬청의 비를 가장 간단한 자연수의 비로
    나타내어 보세요.

(   )

(2) 준성이가 만든 레몬차의 물과 레몬청의 비를 가장 간단한 자연수의 비로
    나타내어 보세요.

(   )

(3) 누가 만든 레몬차가 더 진할까요?

(   )

개념 다시보기

간단한 자연수의 비로 나타내어 보세요.

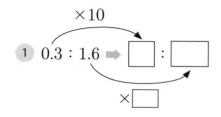

① 0.3 : 1.6

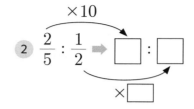

② $\frac{2}{5}$: $\frac{1}{2}$

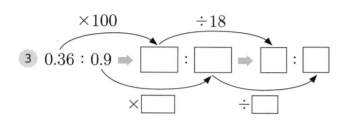

③ 0.36 : 0.9

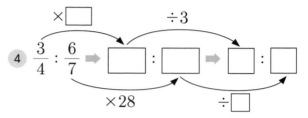

④ $\frac{3}{4}$: $\frac{6}{7}$

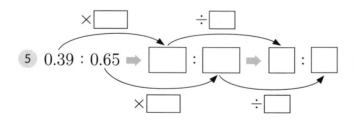

⑤ 0.39 : 0.65

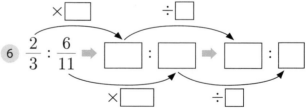

⑥ $\frac{2}{3}$: $\frac{6}{11}$

도전해 보세요

① 간단한 자연수의 비로 나타내어 보세요.

$$0.625 : 3\frac{3}{4}$$

(   )

② 두 비가 같도록 ☐ 안에 알맞은 수를 써넣으세요.

$$\frac{3}{5} : 1.5 \Rightarrow ☐ : 5$$

개념연결

6-2비례식과 비례배분
비율이 같은 비
$\underset{\div2}{\overset{\div2}{}}$ $2 : 3 = 4 : 6 = 8 : 12$ $\overset{\times2}{\underset{\times2}{}}$

6-2비례식과 비례배분
간단한 자연수의 비
$0.3 : 1\frac{2}{5} = 3 : 14$

비례식의 성질

$2 : 7 = \boxed{4} = 14$

$2 \times 14 = 7 \times \boxed{4}$

6-2비례식과 비례배분
비례배분하기
18을 $2 : 7$로 비례배분
$18 \times \frac{2}{2+7} = \boxed{4}$
$18 \times \frac{7}{2+7} = \boxed{14}$

배운 것을 기억해 볼까요?

1 $\overset{\div4}{\overset{\frown}{}}$ $\overset{\times2}{\overset{\frown}{}}$
$\boxed{} : \boxed{} = 16 : 20 = \boxed{} : \boxed{}$
$\underset{\div4}{\underset{\smile}{}}$ $\underset{\times2}{\underset{\smile}{}}$

2 (1) $\frac{3}{8} : \frac{5}{12} = \boxed{} : \boxed{}$

(2) $0.25 : 1.25 = \boxed{} : \boxed{}$

비례식의 성질을 이용하여 $\boxed{}$의 값을 구할 수 있어요.

30초 개념 비례식에서 외항의 곱과 내항의 곱은 같아요. 모르는 부분을 $\boxed{}$라 놓고 외항과 내항의 곱이 같다는 성질을 이용하면 $\boxed{}$의 값을 구할 수 있어요.

$5 : 2 = 20 : \boxed{}$에서 $\boxed{}$의 값 구하기

$5 \times \boxed{}$

$5 : 2 = 20 : \boxed{}$ $\Rightarrow$ $\underset{\text{외항의 곱}}{5 \times \boxed{}} = \underset{\text{내항의 곱}}{2 \times 20}$

2×20

$5 \times \boxed{} = 40$

$\boxed{} = 40 \div 5$

$\boxed{} = 8$

이런 방법도 있어요!

$\overset{\times4}{\overset{\frown}{}}$
$5 : 2 = 20 : \boxed{}$
$\underset{\times4}{\underset{\smile}{}}$

$\boxed{} = 8$

전항과 후항에 0이 아닌 같은 수를 곱해도 비율이 같다는 성질을 이용해서 구할 수도 있어요.

개념 익히기

비례식의 성질을 이용하여 ☐ 안에 알맞은 수를 구해 보세요.

1 외항

$2 : 3 = 6 : \boxed{9}$

내항

➡ $2 \times \boxed{} = 3 \times 6$

$2 \times \boxed{} = 18$

$\boxed{} = 18 \div 2$

$\boxed{} = \boxed{9}$

2 외항

$10 : \boxed{} = 20 : 8$

내항

➡ $20 \times \boxed{} = 10 \times 8$

$20 \times \boxed{} = 80$

$\boxed{} = 80 \div 20$

$\boxed{} = \boxed{}$

3 $15 \times \boxed{}$

$15 : 9 = 5 : \boxed{}$

9×5

4 4×27

$4 : \boxed{} = 12 : 27$

$\boxed{} \times 12$

5 $\boxed{} \times 6$

$\boxed{} : 42 = 8 : 6$

42×8

6 24×3

$24 : 9 = \boxed{} : 3$

$9 \times \boxed{}$

7 20×3

$20 : \boxed{} = 5 : 3$

$\boxed{} \times 5$

8 $40 \times \boxed{}$

$40 : 72 = 5 : \boxed{}$

72×5

비례식의 성질을 이용하여 ☐ 안에 알맞은 수를 써넣으세요.

1 $10 : 5 = 12 : \boxed{}$

2 $32 : 24 = \boxed{} : 3$

3 $5 : \boxed{} = 35 : 21$

4 $\boxed{} : 8 = 48 : 16$

5 $45 : 15 = 9 : \boxed{}$

6
$$\overset{\displaystyle \div\,\boxed{}}{\overset{\frown}{24 : 16 = \boxed{} : \boxed{}}}$$
$\div 8$

7 $\boxed{} : 27 = 16 : 4$

8 $6 : 4 = 30 : \boxed{}$

9 $9 : 3 = \dfrac{\boxed{}}{\boxed{}} : \dfrac{1}{9}$

10
$\times \boxed{} \qquad \div \boxed{}$
$$0.3 : 0.12 = \boxed{} : \boxed{} = \boxed{} : \boxed{}$$
$\times \boxed{} \qquad \div \boxed{}$

11 $\dfrac{2}{3} : \dfrac{1}{6} = \boxed{} : 2$

12 $5.4 : \boxed{} = 3 : 2$

비례식의 성질을 이용하여 ☐ 안에 알맞은 수를 써넣으세요.

① $15 : \boxed{18} = \dfrac{2}{3} : \dfrac{4}{5}$

$\dfrac{2}{3} \times \boxed{} = \overset{3}{\cancel{15}} \times \dfrac{4}{\underset{1}{\cancel{5}}}$

$\dfrac{2}{3} \times \boxed{} = 12$

$\boxed{} = 12 \div \dfrac{2}{3}$

$\boxed{} = \overset{6}{\cancel{12}} \times \dfrac{3}{\underset{1}{\cancel{2}}}$

$\boxed{} = 18$

② $8 : 5 = \boxed{} : 35$

③ $2 : 11 = \boxed{} : 66$

④ $\boxed{} : 2 = \dfrac{1}{4} : \dfrac{1}{6}$

⑤ $\boxed{} : 34 = 2 : 1.7$

⑥ $35 : 7 = 0.5 : \boxed{}$

⑦ $48 : 7.2 = \boxed{} : 3$

⑧ $0.5 : \dfrac{1}{7} = \boxed{} : 6$

⑨ $1\dfrac{2}{13} : \dfrac{\boxed{}}{\boxed{}} = 21 : 13$

⑩ $\dfrac{2}{3} : 1.6 = \boxed{} : 12$

개념 키우기

✏️ 문제를 해결해 보세요.

① 소금 10 kg을 얻으려면 바닷물 250 L가 필요합니다. 소금 8 kg을 얻으려면 바닷물
몇 L가 필요할까요?

(   ) L

② 축척이 1 : 50000인 지도에서 1 cm는
실제로 50000 cm입니다. 학교에서
집까지의 실제 거리는 몇 km인가요?

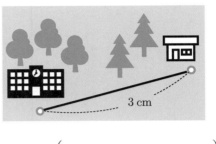

(   ) km

③ 그리스의 수학자 탈레스는 비례식의 성질을
이용하여 이집트 피라미드의 높이를 구하려고
합니다. 그림을 보고 물음에 답하세요.

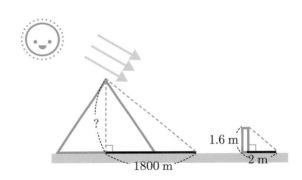

(1) 막대의 높이와 그림자의 길이의 비가 피라미드의 높이와 그림자의 길이의 비와 같을
때 피라미드의 높이를 ☐라 하고 비례식을 세워 보세요.

비례식＿＿＿＿＿＿＿＿＿＿＿＿＿＿＿＿＿＿

(2) 비례식에서 외항의 곱을 구해 보세요.

(   )

(3) 비례식에서 내항의 곱을 구해 보세요.

(   )

(4) 피라미드의 높이는 몇 km 몇 m인가요?

(   ) km   (   ) m

개념 다시보기

✏️ 비례식의 성질을 이용하여 ☐ 안에 알맞은 수를 구해 보세요.

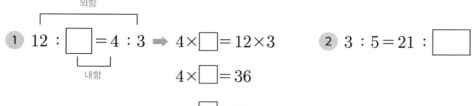

① 외항
12 : ☐ = 4 : 3 ➡ 4 × ☐ = 12 × 3
내항
4 × ☐ = 36
☐ = 36 ÷ 4
☐ = ☐

② 3 : 5 = 21 : ☐ ➡ 3 × ☐ = 5 × 21
3 × ☐ = 105
☐ = 105 ÷ 3
☐ = ☐

③ ☐ : 28 = 4 : 7

④ 7 : 6 = ☐ : 42

⑤ 24 : 36 = ☐ : 3

⑥ 78 : ☐ = 6 : 1

⑦ $\frac{2}{3}$: 3 = 2 : ☐

⑧ ☐ : 14 = 0.4 : 0.7

도전해 보세요

① 다음 수 카드 중에서 4장을 골라 비례식을 만들어 보세요.

[4][21][20][8][14][6]

(   )

② ★ : ● 를 가장 간단한 자연수의 비로 나타내어 보세요.

★ × 0.3 = ● × $\frac{2}{9}$

(   )

17단계 주어진 양을 비례배분하기

개념연결

5-2분수의 곱셈	6-2비례식과 비례배분	6-2비례식과 비례배분	비례배분하기
(자연수)×(분수)	간단한 자연수의 비	비례식의 성질	12를 2:1로 비례배분
$7 \times \dfrac{5}{7} = \boxed{5}$	$0.1 : \dfrac{1}{2} = \boxed{1} : \boxed{5}$	$\begin{array}{c} 3 \times \boxed{15} \\ 3 : 5 = 9 : \boxed{15} \\ 5 \times 9 \end{array}$	$12 \times \dfrac{2}{2+1} = \boxed{8}$ $12 \times \dfrac{1}{2+1} = \boxed{4}$

배운 것을 기억해 볼까요?

1 (1) $16 \times \dfrac{3}{4} =$

    (2) $20 \times 1\dfrac{2}{5} =$

2 (1) $6 : \boxed{} = 18 : 21$

    (2) $\boxed{} : 28 = 2 : 7$

주어진 양을 비례배분할 수 있어요.

30초 개념 전체를 주어진 비로 배분하는 것을 비례배분이라고 해요.

사탕 10개를 $2:3$의 비로 비례배분하기

$$10 \times \frac{\overset{\text{전항}}{2}}{2+3} = 10 \times \frac{2}{5} = 4\,(개) \qquad 10 \times \frac{\overset{\text{후항}}{3}}{2+3} = 10 \times \frac{3}{5} = 6\,(개)$$

전항과 후항의 합

이런 방법도 있어요!

비례배분한 각각의 개수를 더하면
전체의 개수예요.

$$10 \times \frac{2}{5} = 4 \qquad 10 \times \frac{3}{5} = 6$$

$$4 + 6 = 10(개)$$

개념 익히기

✏️ 비례배분을 이용하여 구해 보세요.

① 온유와 소유가 연필 9자루를 2 : 7의 비로 나누어 가지려고 합니다.
온유와 소유가 각각 가지게 되는 연필의 수를 알아보세요.

온유: $9 \times \dfrac{2}{2+7} = 9 \times \dfrac{2}{9} = \boxed{}$ (자루)

소유: $9 \times \dfrac{7}{2+7} = 9 \times \dfrac{7}{9} = \boxed{}$ (자루)

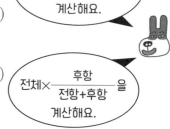

전체 $\times \dfrac{전항}{전항+후항}$ 을 계산해요.

전체 $\times \dfrac{후항}{전항+후항}$ 을 계산해요.

② 노을이와 예은이가 색 테이프 35 cm를 4 : 3의 비로 나누어 가지려고 합니다.
노을이와 예은이가 각각 가지게 되는 색 테이프의 길이를 알아보세요.

노을: $35 \times \dfrac{\boxed{}}{4+3} = 35 \times \dfrac{\boxed{}}{7} = \boxed{}$ (cm)

예은: $35 \times \dfrac{\boxed{}}{4+3} = 35 \times \dfrac{\boxed{}}{7} = \boxed{}$ (cm)

③ 과자 반죽 480 g을 사용하여 ★ 모양 과자와 ♥ 모양 과자를 3 : 2의 비로 만들려고 합니다. ★ 모양 과자와 ♥ 모양 과자 반죽의 양을 알아보세요.

★ 모양 과자 반죽: $480 \times \dfrac{\boxed{}}{3+2} = 480 \times \dfrac{\boxed{}}{5} = \boxed{}$ (g)

♥ 모양 과자 반죽: $480 \times \dfrac{\boxed{}}{3+2} = 480 \times \dfrac{\boxed{}}{5} = \boxed{}$ (g)

안의 수를 주어진 비로 비례배분해 보세요.

1 32 3 : 5

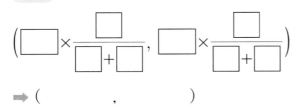

➡ (,   )

2 54 2 : 4

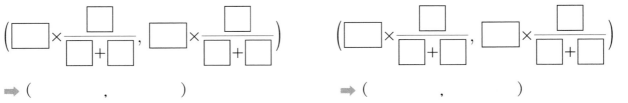

➡ (,   )

3 100 3 : 7

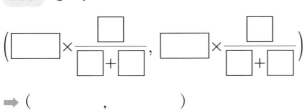

➡ (,   )

4 81 7 : 2

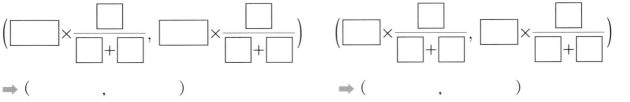

➡ (,   )

5 128 1 : 3

➡ (,   )

6 84 6 : 1

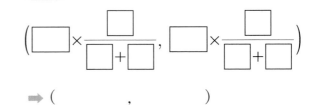

➡ (,   )

7 120 7 : 5

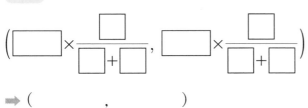

➡ (,   )

8 99 2 : 9

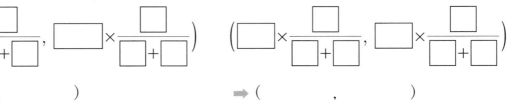

➡ (,   )

안의 수를 주어진 비로 비례배분해 보세요.

1 　50　　9 : 1 ➡ (45 , 5)

$$50 \times \frac{9}{9+1} = 50 \times \frac{9}{10} = 45$$

$$50 \times \frac{1}{9+1} = 50 \times \frac{1}{10} = 5$$

2 　36　　2 : 4 ➡ (　　 , 　　)

3 　42　　1 : 6 ➡ (　　 , 　　)

4 　144　　7 : 5 ➡ (　　 , 　　)

5 $\dfrac{3}{4} : \dfrac{5}{7} = \boxed{} : \boxed{}$

6 　189　　4 : 3 ➡ (　　 , 　　)

7 　400　　3 : 2 ➡ (　　 , 　　)

8 　465　　10 : 5 ➡ (　　 , 　　)

개념 키우기

✏️ 문제를 해결해 보세요.

1 고구마 120개를 큰 상자와 작은 상자에 3:2로
나누어 담으려면 각각 몇 개씩 담아야 할까요?

큰 상자 (   )

작은 상자 (   )

2 지구의 자전으로 생기는 낮과 밤의 길이는 태양과 지구의 위치에 따라 달라집니다. 어
느 날 낮과 밤의 길이의 비가 5:7이었으면 이날 낮의 길이는 몇 시간이었나요?

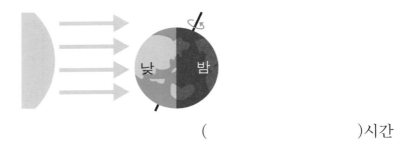

(   )시간

3 둘레가 160 cm이고, 가로와 세로의 비가 5 : 3인
직사각형 모양의 액자를 만들기 위해 나무 막대의
길이와 액자 면이 될 나무 판의 넓이를 알아보려고
합니다.

(1) 액자의 가로와 세로의 길이의 합은 몇 cm인가요?

(   ) cm

(2) 액자의 가로와 세로의 길이는 각각 몇 cm인가요?

가로(   ) cm   세로(   ) cm

(3) 액자 면이 될 나무 판의 넓이는 몇 cm²인가요?

(   ) cm²

개념 다시보기

✏️ ⬜ 안의 수를 주어진 비로 비례배분해 보세요.

1 12　1 : 2

$$\left(\boxed{}\times\dfrac{\boxed{}}{\boxed{}+\boxed{}},\ \boxed{}\times\dfrac{\boxed{}}{\boxed{}+\boxed{}}\right)$$

➡️ (　　　 , 　　　)

2 28　3 : 1

$$\left(\boxed{}\times\dfrac{\boxed{}}{\boxed{}+\boxed{}},\ \boxed{}\times\dfrac{\boxed{}}{\boxed{}+\boxed{}}\right)$$

➡️ (　　　 , 　　　)

3 64　2 : 6

(　　　 , 　　　)

4 60　2 : 3

(　　　 , 　　　)

5 169　5 : 8

(　　　 , 　　　)

6 126　4 : 10

(　　　 , 　　　)

7 216　6 : 2

(　　　 , 　　　)

8 105　4 : 3

(　　　 , 　　　)

도전해 보세요

1 넓이의 합이 289 cm²이고, 높이가 같은 두 평행사변형 **(가)**와 **(나)**의 넓이를 구해 보세요.

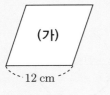

(가) _____ cm²

(나) _____ cm²

2 128을 $\dfrac{3}{8} : \dfrac{5}{8}$로 비례배분해 보세요.

(　　　 , 　　　)

개념연결

3-2원	5-2소수의 곱셈		6-2원의 넓이
원의 중심, 반지름, 지름 알아보기 	(자연수)×(소수) $8 \times 0.6 = \boxed{4.8}$	 원주 구하기 $2 \times 3.14 = \boxed{6.28}$ cm	지름, 반지름 구하기 원주: 15 cm 원주율: 3 지름: $\boxed{5}$ cm

배운 것을 기억해 볼까요?

1

원의 지름:_____ cm

원의 반지름:_____ cm

2 (1) $9 \times 0.4 =$

(2) $1.2 \times 1.2 =$

원주율을 이용하여 원주를 구할 수 있어요.

30초 개념

원의 둘레의 길이를 원주라 하고 지름에 대한 원주의 비를 원주율이라고 해요. 원주는 지름에 원주율을 곱해서 구해요.

지름이 6 cm인 원의 원주 구하기

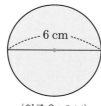

(원주율: 3.14)

(원주) = (지름) × (원주율)

= 6×3.14

= 18.84(cm)

→ 원의 둘레의 길이

이런 방법도 있어요!

지름은 반지름의 2배이므로 반지름만 알고 있다면
원주는 (반지름)×2×(원주율)로 구할 수도 있어요.

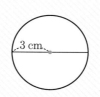

(원주) = (반지름)×2×(원주율)

= $3 \times 2 \times 3.14$

= 18.84(cm)

개념 익히기

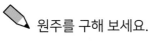 원주를 구해 보세요.

원의 지름과
원주율을 확인해요.

1 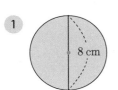 8 cm   원주율: 3

(원주) = | 8 | × | 3 | = | | (cm)

(지름) (원주율)

2 5 cm   원주율: 3

(원주) = | | × | | = | | (cm)

(지름) (원주율)

3 7 cm   원주율: 3

(원주) = | | × | | = | | (cm)

(지름) (원주율)

4 13 cm   원주율: 3

(원주) = | | × | | = | | (cm)

(지름) (원주율)

5 12 cm   원주율: 3.1

(원주) = | | × | | = | | (cm)

6 4 cm   원주율: 3.1

(원주) = | | × | | = | | (cm)

7 9 cm   원주율: 3.1

(원주) = | | × | | = | | (cm)

8 10 cm   원주율: 3.1

(원주) = | | × | | = | | (cm)

원주를 구해 보세요.

1 4 cm

원주율: 3.1

(원주) = ☐ × 2 × ☐ = ☐ (cm)

　　　　↑(반지름)　↑(원주율)

2 7 cm

원주율: 3.1

(원주) = ☐ × 2 × ☐ = ☐ (cm)

3 8 cm

원주율: 3.14

(원주) = ☐ × ☐ × ☐

　　　 = ☐ (cm)

4 5 cm

원주율: 3.1

(원주) = ☐ × ☐ × ☐ = ☐ (cm)

5  14 cm

원주율: 3.1

(원주) = ☐ × ☐ × ☐

　　　 = ☐ (cm)

6 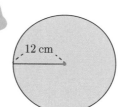 12 cm

원주율: 3.14

(원주) = ☐ × ☐ × ☐

　　　 = ☐ (cm)

7 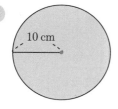 10 cm

원주율: 3.14

(원주) = ☐ × ☐ × ☐

　　　 = ☐ (cm)

8 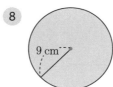 9 cm

원주율: 3.14

(원주) = ☐ × ☐ × ☐

　　　 = ☐ (cm)

✏️ 원주를 구해 보세요.

1
20 cm

원주율: 3.1

( ) cm

2
7 cm

원주율: 3.14

( ) cm

3
12 cm

원주율: 3.1

( ) cm

4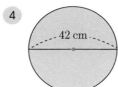
42 cm

원주율: 3.1

( ) cm

5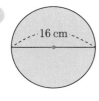
16 cm

원주율: 3.1

( ) cm

6 4.03÷0.62=

7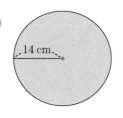
14 cm

원주율: 3.14

( ) cm

8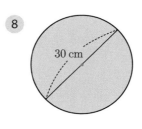
30 cm

원주율: 3.14

( ) cm

개념 키우기

✏️ 문제를 해결해 보세요.

1 반지름이 6 cm인 CD의 원주는 몇 cm인가요?
(원주율: 3)

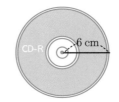

(   ) cm

2 훌라후프의 안쪽 원의 지름은 70 cm입니다.
훌라후프의 안쪽 원주는 몇 cm인가요? (원주율: 3.14)

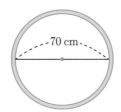

(   ) cm

3 육상 경기를 할 때 곡선 구간의 경우 안쪽에서
달리는 주자가 더 유리하기 때문에 바깥쪽에서
달리는 주자는 조금 더 앞에서 출발하게 됩니다.
바깥쪽 주자는 얼마나 더 앞에서 출발해야
공정한지 알아보려고 합니다.
그림을 보고 물음에 답하세요. (원주율: 3.1)

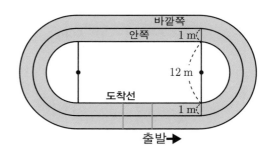

(1) 안쪽 경주로(지름 12 m)의 곡선 구간의 길이는 몇 m인가요?

(   ) m

(2) 바깥쪽 경주로의 곡선 구간의 길이는 몇 m인가요?

(   ) m

(3) 바깥쪽 주자는 몇 m 앞에서 출발해야 할까요?

(   ) m

개념 다시보기

 원주를 구해 보세요.

1 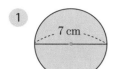 7 cm 원주율: 3

(원주) = ☐ × ☐ = ☐ (cm)
　　　　(지름) (원주율)

2 9 cm 원주율: 3

(원주) = ☐ × 2 × ☐ = ☐ (cm)
　　　　(반지름)　　(원주율)

3 13 cm 원주율: 3.1

(원주) = ☐ × ☐ = ☐ (cm)

4 14 cm 원주율: 3.1

(원주) = ☐ × ☐ × ☐ = ☐ (cm)

5 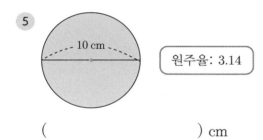 10 cm 원주율: 3.14

(　　　　　　) cm

6 6 cm 원주율: 3.14

(　　　　　　) cm

도전해 보세요

1 지름이 50 cm인 원을 4바퀴 굴리면
이동한 거리는 몇 cm인가요?

원주율: 3.14

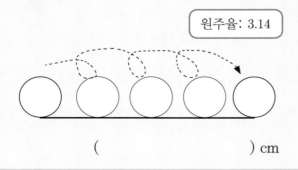

(　　　　　　) cm

2 원의 지름은 몇 m인가요?

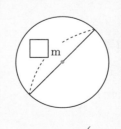 ☐ m

원주: 49 m 60 cm
원주율: 3.1

(　　　　　　) m

◀ **개념연결**

6-1소수의 나눗셈	6-2소수의 나눗셈	6-2원의 넓이
(소수)÷(자연수)	(소수)÷(소수)	원주 구하기
3.14÷2= 1.57	3.14÷0.2= 15.7	10×2×3.14= 62.8 cm

지름, 반지름 구하기

원주: 12 cm 원주율: 3
지름: 4 cm

◀ **배운 것을 기억해 볼까요?**

1 (1) 1.05 ÷ 5=

(2) 3.68 ÷ 0.46=

2 (1)   (원주율: 3)

(2)   (원주율: 3)

원주: ☐ cm

원주: ☐ cm

원주율을 이용하여 지름, 반지름을 구할 수 있어요.

30초 개념 ◀

지름은 원주를 원주율로 나누어 구할 수 있어요.

(지름)=(원주)÷(원주율), (반지름)=(원주)÷(원주율)÷2

원주가 25.12 cm인 원의 지름과 반지름 구하기

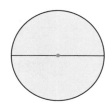

(원주율: 3.14)

반지름을 구하려면
2로 한 번 더
나누어야 해요.

(지름) = (원주) ÷ (원주율)
     = 25.12 ÷ 3.14
     = 8(cm)

(반지름) = (원주) ÷ (원주율) ÷ 2
      = 25.12 ÷ 3.14 ÷ 2
      = 8 ÷ 2
      = 4(cm)

개념 익히기

  원의 지름을 구해 보세요.

1
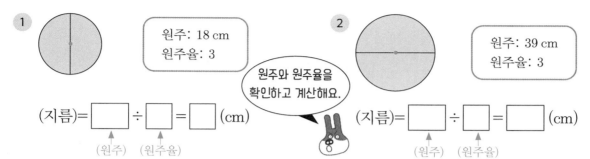

원주: 18 cm
원주율: 3

원주와 원주율을
확인하고 계산해요.

(지름)= ☐ ÷ ☐ = ☐ (cm)
　　　　(원주)　(원주율)

2

원주: 39 cm
원주율: 3

(지름)= ☐ ÷ ☐ = ☐ (cm)
　　　　(원주)　(원주율)

3

원주: 21.6 cm
원주율: 3

(지름)= ☐ ÷ ☐ = ☐ (cm)
　　　　(원주)　(원주율)

4
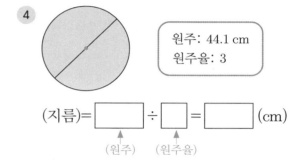

원주: 44.1 cm
원주율: 3

(지름)= ☐ ÷ ☐ = ☐ (cm)
　　　　(원주)　(원주율)

5
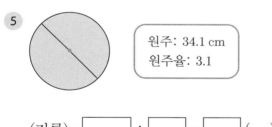

원주: 34.1 cm
원주율: 3.1

(지름)= ☐ ÷ ☐ = ☐ (cm)

6
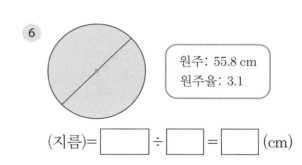

원주: 55.8 cm
원주율: 3.1

(지름)= ☐ ÷ ☐ = ☐ (cm)

7
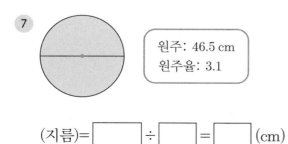

원주: 46.5 cm
원주율: 3.1

(지름)= ☐ ÷ ☐ = ☐ (cm)

8
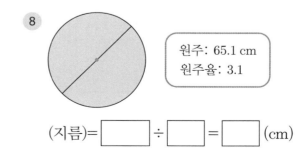

원주: 65.1 cm
원주율: 3.1

(지름)= ☐ ÷ ☐ = ☐ (cm)

원의 반지름을 구해 보세요.

1

원주: 15.5 cm
원주율: 3.1

(반지름) = ☐ ÷ ☐ ÷ 2 = ☐ (cm)

    (원주)   (원주율)

반지름을 구하려면
지름을 구한 뒤 2로
한 번 더 나눠요.

2

원주: 40.3 cm
원주율: 3.1

(반지름) = ☐ ÷ ☐ ÷ ☐

= ☐ (cm)

3

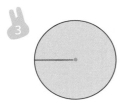

원주: 27.9 cm
원주율: 3.1

(반지름) = ☐ ÷ ☐ ÷ ☐

= ☐ (cm)

4

원주: 43.4 cm
원주율: 3.1

(반지름) = ☐ ÷ ☐ ÷ ☐

= ☐ (cm)

5

원주: 18.6 cm
원주율: 3.1

(반지름) = ☐ ÷ ☐ ÷ ☐

= ☐ (cm)

6

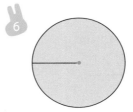

원주: 34.54 cm
원주율: 3.14

(반지름) = ☐ ÷ ☐ ÷ ☐

= ☐ (cm)

7

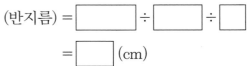

12 cm

원주율: 3.14

(원주) = ☐ × ☐ × ☐

= ☐ (cm)

8

원주: 81.64 cm
원주율: 3.14

(반지름) = ☐ ÷ ☐ ÷ ☐

= ☐ (cm)

원의 지름과 반지름을 구해 보세요.

1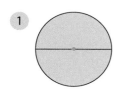

원주: 37.2 cm
원주율: 3.1

지름 (   ) cm

2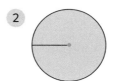

원주: 24.8 cm
원주율: 3.1

반지름 (   ) cm

3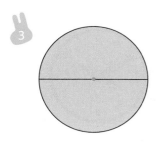

원주: 96.1 cm
원주율: 3.1

지름 (   ) cm

4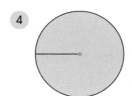

원주: 74.4 cm
원주율: 3.1

반지름 (   ) cm

5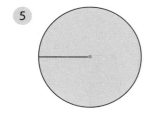

원주: 62.8 cm
원주율: 3.14

반지름 (   ) cm

6 $3.19 \div 0.55 =$

7

원주: 53.38 cm
원주율: 3.14

지름 (   ) cm

8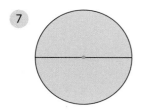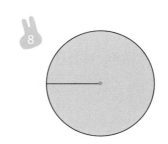

원주: 94.2 cm
원주율: 3.14

반지름 (   ) cm

문제를 해결해 보세요.

1 길이가 66 cm인 끈을 겹치지 않게 이어 붙여서 원을 만들었습니다.
만들어진 원의 반지름은 몇 cm인가요? (원주율: 3)

(　　　　　　　　) cm

2 둘레의 길이가 55.8 cm인 원형 시계를 상자에 포장하려고
합니다. 상자의 가로와 세로의 길이는 최소한 몇 cm여야
할까요? (원주율: 3.1)

(　　　　　　　　) cm

3 중간이 굵고 위와 아래로 가면서 점차 가늘어지는 원형 기둥을 배흘림기둥이라고 합니다. 그림을
보고 물음에 답하세요. (원주율: 3.14)

영주 부석사 무량수전

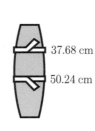

배흘림기둥

37.68 cm

50.24 cm

(1) 기둥의 가장 굵은 부분의 지름은 몇 cm인가요?

(　　　　　　　　) cm

(2) 기둥의 가장 가는 부분의 지름은 몇 cm인가요?

(　　　　　　　　) cm

(3) 기둥의 굵은 부분과 가는 부분의 지름의 차는 몇 cm인가요?

(　　　　　　　　) cm

개념 다시보기

 원의 지름과 반지름을 구해 보세요.

1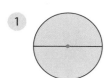

원주: 21 cm
원주율: 3

(지름) = ☐ ÷ ☐ = ☐ (cm)
　　　　↑(원주)　↑(원주율)

2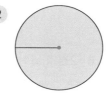

원주: 48 cm
원주율: 3

(반지름) = ☐ ÷ ☐ ÷ ☐ = ☐ (cm)
　　　　　↑(원주)　↑(원주율)

3

원주: 68.2 cm
원주율: 3.1

(지름) = ☐ ÷ ☐ = ☐ (cm)

4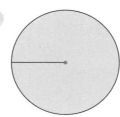

원주: 80.6 cm
원주율: 3.1

(반지름) = ☐ ÷ ☐ ÷ ☐

= ☐ (cm)

5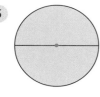

원주: 43.96 cm
원주율: 3.14

지름 (　　　　　　　　) cm

6

원주: 25.12 cm
원주율: 3.14

반지름 (　　　　　　　　) cm

도전해 보세요

1 원주가 51 cm인 원 5개를 둘러싸고 있는
도형의 둘레를 구해 보세요. (원주율: 3)

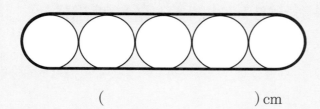

(　　　　　　　　　　) cm

2 원의 지름과 반지름은 몇 m인가요?

원주: 78 m 50 cm
원주율: 3.14

지름: (　　　　　　　) m

반지름: (　　　　　　　) m

20단계 원의 넓이 구하기

개념연결

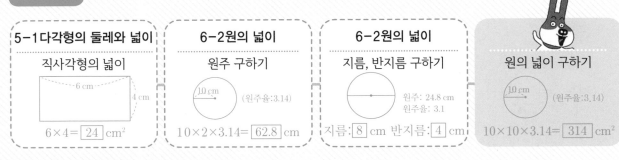

5-1다각형의 둘레와 넓이	6-2원의 넓이	6-2원의 넓이	원의 넓이 구하기
직사각형의 넓이	원주 구하기	지름, 반지름 구하기	
6×4= 24 cm²	10×2×3.14= 62.8 cm	지름: 8 cm 반지름: 4 cm	10×10×3.14= 314 cm²

배운 것을 기억해 볼까요?

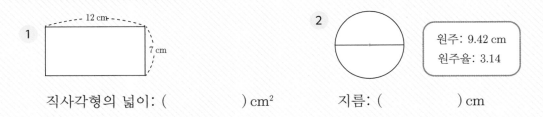

1 직사각형의 넓이: (　　　) cm²

2 원주: 9.42 cm　원주율: 3.14
지름: (　　　) cm

원의 넓이를 구하는 방법을 알고 구할 수 있어요.

30초 개념

원의 넓이는 반지름을 2번 곱한 값에 원주율을 곱해서 구해요.
(원의 넓이)=(반지름)×(반지름)×(원주율)

반지름이 4 cm인 원의 넓이 구하기

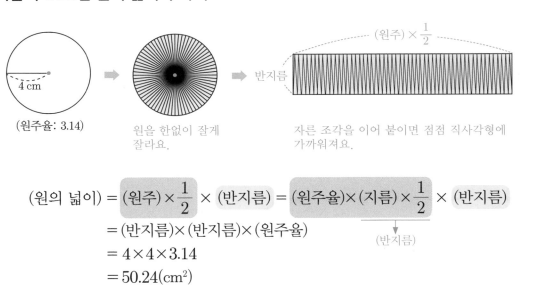

원을 한없이 잘게 잘라요.

자른 조각을 이어 붙이면 점점 직사각형에 가까워져요.

$$(원의 넓이) = (원주)×\frac{1}{2}×(반지름) = (원주율)×(지름)×\frac{1}{2}×(반지름)$$
$$= (반지름)×(반지름)×(원주율)$$
$$= 4×4×3.14$$
$$= 50.24(cm^2)$$

126

개념 익히기

 원의 넓이를 구해 보세요.

1
6 cm
원주율: 3

(원의 넓이) = □ × □ × □
           (반지름)(반지름)(원주율)
       = □ (cm²)

2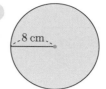
8 cm
원주율: 3

(원의 넓이) = □ × □ × □
       = □ (cm²)

3
12 cm
원주율: 3

(원의 넓이) = □ × □ × □
       = □ (cm²)

4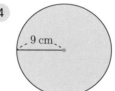
9 cm
원주율: 3

(원의 넓이) = □ × □ × □
       = □ (cm²)

5
10 cm
원주율: 3.1

(원의 넓이) = □ × □ × □
       = □ (cm²)

6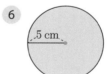
5 cm
원주율: 3.1

(원의 넓이) = □ × □ × □
       = □ (cm²)

7
3 cm
원주율: 3.1

(원의 넓이) = □ × □ × □
       = □ (cm²)

8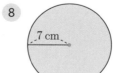
7 cm
원주율: 3.1

(원의 넓이) = □ × □ × □
       = □ (cm²)

원의 넓이를 구해 보세요.

1   원주율: 3.1

(원의 넓이) = □ × □ × □
= □ (cm²)

2 원주율: 3.1

(원의 넓이) = □ × □ × □
= □ (cm²)

3 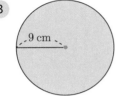 원주율: 3.1

(원의 넓이) = □ × □ × □
= □ (cm²)

4 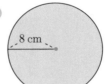 원주율: 3.1

(원의 넓이) = □ × □ × □
= □ (cm²)

5 원주율: 3.14

(원의 넓이) = □ × □ × □
= □ (cm²)

6 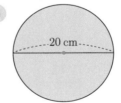 원주율: 3.14

(원의 넓이) = □ × □ × □
= □ (cm²)

7 원주율: 3.14

(원의 넓이) = □ × □ × □
= □ (cm²)

8 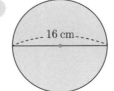 원주율: 3.14

(원의 넓이) = □ × □ × □
= □ (cm²)

색칠한 부분의 넓이를 구해 보세요

1

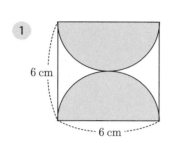

6 cm

6 cm

말풍선: 색칠한 부분을 모아보세요.

원주율: 3.1

(색칠한 부분의 넓이)

= $\boxed{3}$ × $\boxed{3}$ × $\boxed{3.1}$ = $\boxed{27.9}$ (cm²)

2

4 cm

원주율: 3.1

(　　　　　　　) cm²

3

10 cm

10 cm

원주율: 3.14

(　　　　　　　) cm²

4

5 cm

원주율: 3.1

(　　　　　　　) cm²

5

8 cm
4 cm

원주율: 3

(　　　　　　　) cm²

6　2.14×5.2=

7

10 cm
5 cm

원주율: 3.1

(　　　　　　　) cm²

8

6 cm

원주율: 3.14

(　　　　　　　) cm²

개념 키우기

✏️ 문제를 해결해 보세요.

1 운동장에 길이가 3 m인 줄을 이용해서 커다란 원을 그렸습니다. 만들어진 원의 넓이는 몇 m^2인가요? (원주율: 3.1)

(   ) m^2

2 100원짜리 동전의 지름은 2.4 cm입니다. 100원짜리 동전의 넓이는 몇 cm^2인가요? (원주율: 3)

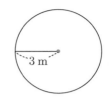

(   ) cm^2

3 둘 중 어느 피자가 가격 면에서 더 이익인지 알아보려고 합니다. 그림을 보고 물음에 답하세요. (단, 원주율은 3이고 피자의 두께와 토핑은 모두 같습니다.)

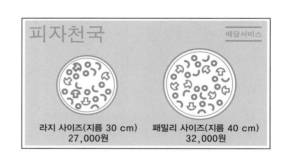

(1) 라지 사이즈 피자의 넓이는 몇 cm^2인가요?

(   ) cm^2

(2) 라지 사이즈 피자의 1 cm^2의 가격은 얼마인가요?

(   )원

(3) 패밀리 사이즈 피자의 넓이는 몇 cm^2인가요?

(   ) cm^2

(4) 패밀리 사이즈 피자의 1 cm^2의 가격은 얼마인가요? (소수 첫째 자리에서 받아올림)

약(   )원

(5) 어느 피자가 가격 면에서 더 이익일까요?

(   )

개념 다시보기

 원의 넓이를 구해 보세요.

1
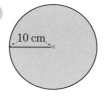
10 cm

원주율: 3

(원의 넓이) = □ × □ × □

= □ (cm²)

2

16 cm

원주율: 3

(원의 넓이) = □ × □ × □

= □ (cm²)

3

6 cm

원주율: 3.1

(원의 넓이) = □ × □ × □

= □ (cm²)

4

4 cm

원주율: 3.1

(원의 넓이) = □ × □ × □

= □ (cm²)

5
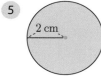
2 cm

원주율: 3.14

(　　　　　　　　) cm²

6
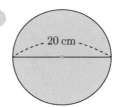
20 cm

원주율: 3.14

(　　　　　　　　) cm²

도전해 보세요

1 도형의 넓이를 구해 보세요.

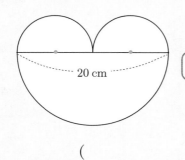
20 cm

원주율: 3.1

(　　　　　　　) cm²

2 원의 반지름은 몇 cm인가요?

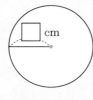
□ cm

원의 넓이: 251.1 cm²
원주율: 3.1

(　　　　　　　) cm

1~6학년 연산 개념연결 지도

1-1	1-2	2-1	2-2	3-1	3-2

1-1
- 0에서 9까지의 수
- 0에서 9까지의 수 크기 비교
- 9까지의 수 가르기와 모으기
- 한 자리 수의 덧셈
- 한 자리 수의 뺄셈
- 한 자리 수의 덧셈과 뺄셈
- 십몇 가르기와 모으기
- 50까지의 수
- 50까지의 수 크기 비교

1-2
- 99까지의 수
- 100까지 수의 크기 비교
- 두 자리 수의 덧셈
- 두 자리 수의 뺄셈
- 두 자리 수의 덧셈과 뺄셈
- 세 수의 덧셈과 뺄셈
- 10을 만들어 더하기
- 받아올림이 있는 덧셈
- 받아내림이 있는 뺄셈

2-1
- 세 자리 수
- 두 자리 수의 덧셈
- 여러 가지 방법으로 덧셈하기
- 두 자리 수의 뺄셈
- 여러 가지 방법으로 뺄셈하기
- 덧셈과 뺄셈의 관계
- 세 수의 덧셈과 뺄셈
- 묶어 세기
- 곱셈식

2-2
- 네 자리 수
- 네 자리 수의 크기 비교
- 2~9단 곱셈구구
- 1단 곱셈구구와 0의 곱
- 곱셈표 만들기
- 길이의 합과 차
- 시각
- 시간
- 표에서 규칙 찾기

3-1
- 세 자리 수의 덧셈
- 세 자리 수의 뺄셈
- 똑같이 나누기
- 곱셈과 나눗셈의 관계
- (두 자리 수) × (한 자리 수)
- 길이의 단위
- 시간의 덧셈
- 시간의 뺄셈

3-2
- (세 자리 수) × (한 자리 수)
- (두 자리 수) × (두 자리 수)
- (두 자리 수) ÷ (한 자리 수)
- (세 자리 수) ÷ (한 자리 수)
- 분수만큼 계산하기
- 여러 가지 분수
- 들이의 덧셈과 뺄셈
- 무게의 덧셈과 뺄셈

4-1	4-2	5-1	5-2	6-1	6-2
큰 수	여러 가지 분수	자연수의 혼합 계산	수의 범위	(자연수)÷(자연수)의 몫을 분수로 나타내기	분수의 나눗셈의 계산 원리
뛰어 세기	분모가 같은 분수의 덧셈	약수와 배수	올림과 버림	(분수)÷(자연수)	분수의 나눗셈을 곱셈으로 바꾸기
큰 수의 크기 비교	분모가 같은 분수의 뺄셈	최대공약수와 최소공배수	(자연수)×(분수)	(소수)÷(자연수)	소수의 나눗셈의 계산 원리
각도의 합과 차	소수 두 자리 수와 소수 세 자리 수	크기가 같은 분수 만들기	(분수)×(분수)	(자연수)÷(자연수)의 몫을 소수로 나타내기	소수의 나눗셈의 몫 반올림하기
삼각형과 사각형의 각의 크기의 합	소수의 크기 비교	분수와 소수의 크기 비교	세 분수의 곱셈	몫을 어림하기	비와 그 성질
(세 자리 수)×(두 자리 수)	소수 사이의 관계	분모가 다른 진분수의 덧셈	분수의 곱셈과 1 만들기	비율과 백분율	비례식의 성질
두 자리 수로 나누기	소수의 덧셈	분모가 다른 대분수의 덧셈	(자연수)×(소수)	직육면체와 정육면체의 부피	비례배분
(세 자리 수)÷(두 자리 수)	소수의 뺄셈	분모가 다른 진분수의 뺄셈	(소수)×(소수)	직육면체와 정육면체의 겉넓이	원주율
		분모가 다른 대분수의 뺄셈	평균		원의 넓이

12권

초등
6학년

개념 연결
연산의
발견

정답과 풀이

선생님 놀이
해설

우리 친구의 설명이
해설과 조금 달라도 괜찮아.
개념을 이해하고 설명했다면
통과!

1단계 (자연수)÷(단위분수)

배운 것을 기억해 볼까요? **012쪽**

1 (1) $\frac{5}{9}$ (2) $\frac{3}{4}$ 2 (1) $\frac{1}{9}$ (2) $\frac{3}{5}$

개념 익히기 **013쪽**

1 4, (예)

2 3, (예)

3 6, (예)

4 1, 2, 2   5 1, 9, 9

6 1, 7, 7   7 1, 10, 10

8 1, 12, 12

개념 다지기 **014쪽**

1 2, 4, 8   2 3, 4, 12   3 2, 5, 10

4 4, 3, 12   5 $\frac{1}{5}$ 6 7, 6, 42

7 8, 3, 24   8 $\frac{5}{2}$, $2\frac{1}{2}$ 9 5, 9, 45

10 9, 10, 90 11 1, 8, 8   12 1, 15, 15

선생님놀이

 자연수에 단위분수의 분모를 곱해야 하므로
4×3을 계산하여 12예요.

 자연수에 단위분수의 분모를 곱해야 하므로
9×10을 계산하여 90이에요.

개념 다지기 **015쪽**

1 $3÷\frac{1}{5}=3×5=15$ 2 $4÷\frac{1}{5}=4×5=20$

3 $6÷\frac{1}{7}=6×7=42$ 4 $9÷\frac{1}{4}=9×4=36$

5 $8÷\frac{1}{12}=8×12=96$ 6 $\frac{5}{8}÷2=\frac{5}{8}×\frac{1}{2}=\frac{5}{16}$

7 $5÷\frac{1}{3}=5×3=15$ 8 $6÷\frac{1}{10}=6×10=60$

9 $\frac{9}{7}÷3=\frac{9}{7}×\frac{1}{3}=\frac{3}{7}$ 10 $4÷\frac{1}{8}=4×8=32$

선생님놀이

 자연수에 단위분수의 분모를 곱해야 하므로
6×7을 계산하여 42예요.

 자연수에 단위분수의 분모를 곱해야 하므로
6×10을 계산하여 60이에요.

개념 키우기 **016쪽**

1 16
2 (1) 식: $3÷\frac{1}{3}=9$ 답: 9

　(2) 식: $2÷\frac{1}{4}=8$ 답: 8

(3) (나)

1 피자 한 조각을 한 판의 $\frac{1}{8}$이 되도록 자르면
$1÷\frac{1}{8}=1×8=8$(조각)이 됩니다. 피자 두 판을
자르면 8×2=16으로 모두 16조각이 됩니다.

2 (1) 3시간 충전 후 $\frac{1}{3}$만큼 충전되었으므로
　　$3÷\frac{1}{3}=3×3=9$(시간)입니다.

　(2) 2시간 충전 후 $\frac{1}{4}$만큼 충전되었으므로
　　$2÷\frac{1}{4}=2×4=8$(시간)입니다.

　(3) 전체가 충전되는 데 (가)는 9시간이 걸리고,
　　(나)는 8시간이 걸리므로 충전 속도가 더 빠
　　른 것은 (나)입니다.

① 1, 5, 5 　　　② 1, 8, 8
③ 2, 3, 6 　　　④ 3, 9, 27
⑤ 5, 8, 40 　　　⑥ 2, 7, 14
⑦ 4, 6, 24 　　　⑧ 7, 2, 14

① $3 \div \frac{1}{2} = 3 \times 2 = 6$

② (1) 39 　　　　　　(2) 42

① (자연수)÷(단위분수)에서 자연수에 단위분수의
　분모를 곱해야 하는데 자연수를 단위분수로 바꾼
　것이 잘못되었습니다. $\frac{1}{3}$ 을 3으로 고쳐서 계산
　해야 합니다.

② (1) $13 \div \frac{1}{3} = 13 \times 3 = 39$

　(2) $21 \div \frac{1}{2} = 21 \times 2 = 42$

2단계 분모가 같은
(분수)÷(분수)

① (1) $\frac{2}{7}$ 　(2) $\frac{2}{3}$ 　　② (1) 12 　(2) 50

① 2, 예
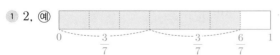

② 3, 예

③ 2, 예
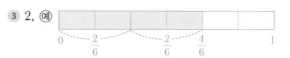

④ 8, 2, 4 　　　⑤ 6, 3, 2
⑥ 4, 1, 4 　　　⑦ 9, 3, 3
⑧ 8, 4, 2 　　　⑨ 8, 3, $\frac{8}{3}$, $2\frac{2}{3}$
⑩ 5, 2, $\frac{5}{2}$, $2\frac{1}{2}$

① 16, 3, $\frac{16}{3}$, $5\frac{1}{3}$ 　　② 8, 4, 2
③ 7, 3, $\frac{7}{3}$, $2\frac{1}{3}$ 　　④ 9, 2, $\frac{9}{2}$, $4\frac{1}{2}$
⑤ $\frac{4}{3}$, 3, $\frac{4}{9}$ 　　⑥ $\frac{7}{5}$, 7, $\frac{1}{5}$
⑦ 9, 3, 3 　　　⑧ 18, 9, 2
⑨ 15, 7, $\frac{15}{7}$, $2\frac{1}{7}$ 　　⑩ 19, 3, $\frac{19}{3}$, $6\frac{1}{3}$

선생님놀이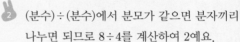

② (분수)÷(분수)에서 분모가 같으면 분자끼리
　나누면 되므로 8÷4를 계산하여 2예요.

⑨ (분수)÷(분수)에서 분모가 같으면 분자끼리
　나누면 되므로 15÷7을 계산하여 $\frac{15}{7}$ 예요.
　가분수를 대분수로 고치면 $2\frac{1}{7}$ 이에요.

① $\frac{4}{5} \div \frac{2}{5} = 4 \div 2 = 2$ 　　② $\frac{5}{6} \div \frac{1}{6} = 5 \div 1 = 5$

③ $\frac{9}{13} \div \frac{3}{13} = 9 \div 3 = 3$ 　　④ $\frac{8}{10} \div \frac{2}{10} = 8 \div 2 = 4$

⑤ $1\frac{1}{4} \div 2 = \frac{5}{4} \div 2 = \frac{5}{4} \times \frac{1}{2} = \frac{5}{8}$

⑥ $\frac{9}{11} \div \frac{4}{11} = 9 \div 4 = \frac{9}{4} = 2\frac{1}{4}$

⑦ $\frac{7}{14} \div \frac{2}{14} = 7 \div 2 = \frac{7}{2} = 3\frac{1}{2}$

⑧ $\frac{7}{9} \div \frac{3}{9} = 7 \div 3 = \frac{7}{3} = 2\frac{1}{3}$

⑨ $12 \div \frac{1}{3} = 12 \times 3 = 36$

⑩ $\frac{5}{8} \div \frac{2}{8} = 5 \div 2 = \frac{5}{2} = 2\frac{1}{2}$

 선생님놀이

🐰② (분수)÷(분수)에서 분모가 같으면 분자끼리 나누면 되므로 5÷1을 계산하여 5예요.

🐰⑩ (분수)÷(분수)에서 분모가 같으면 분자끼리 나누면 되므로 5÷2를 계산하여 $\frac{5}{2}$예요. 가분수를 대분수로 고치면 $2\frac{1}{2}$이에요.

개념 키우기 022쪽

① 식: $\frac{9}{10} \div \frac{3}{10} = 3$ 답: 3

② (1) $\frac{8}{9}$ (2) 4   (3) 7

① $\frac{9}{10}$ L를 한 병에 $\frac{3}{10}$ L씩 똑같이 담으려면 $\frac{9}{10} \div \frac{3}{10} = 9 \div 3 = 3$(병)이 필요합니다.

② (1) 반지 매듭 1개를 만드는 데 $\frac{1}{9}$ m가 필요하므로 $1 - \frac{1}{9} = \frac{9}{9} - \frac{1}{9} = \frac{8}{9}$ (m)입니다.

　(2) 팔찌 매듭 1개를 만드는 데 $\frac{2}{9}$ m가 필요하므로 $\frac{8}{9} \div \frac{2}{9} = 8 \div 2 = 4$(개)를 만들 수 있습니다.

　(3) 반지 매듭 4개를 만들려면 $\frac{4}{9}$ m가 필요하므로 $2 - \frac{4}{9} = \frac{18}{9} - \frac{4}{9} = \frac{14}{9}$ (m)가 남습니다. 팔찌 매듭 1개를 만들려면 $\frac{2}{9}$ m가 필요하므로 $\frac{14}{9} \div \frac{2}{9} = 14 \div 2 = 7$(개)를 만들 수 있습니다.

개념 다시보기 023쪽

① 5, 예

② 3, 예

---

③ 4, 2, 2

④ 8, 2, 4

⑤ 3, 2, $\frac{3}{2}$, $1\frac{1}{2}$

⑥ 7, 5, $\frac{7}{5}$, $1\frac{2}{5}$

⑦ 10, 5, 2

⑧ 8, 5, $\frac{8}{5}$, $1\frac{3}{5}$

도전해 보세요 023쪽

① $\frac{9}{10} \div \frac{3}{10} = 9 \div 3 = 3$ ② (1) 4   (2) 2

① (분수)÷(분수)에서 분모가 같으면 분자끼리 나누면 되므로 9÷3을 계산하여 3이 됩니다. 분모를 남겨 둔 것이 잘못되었습니다. $\frac{9 \div 3}{10}$을 9÷3으로 고쳐서 계산해야 합니다.

② (1) $\frac{2}{5} \div \frac{1}{10} = \frac{4}{10} \div \frac{1}{10} = 4 \div 1 = 4$

　(2) $\frac{8}{12} \div \frac{2}{6} = \frac{8}{12} \div \frac{4}{12} = 8 \div 4 = 2$

3단계 분모가 다른 (분수)÷(분수)

배운 것을 기억해 볼까요? 024쪽

① (1) $\frac{2}{7}$ (2) $\frac{4}{7}$ ② (1) 2   (2) 3

개념 익히기 025쪽

① $\frac{4}{6}$, $\frac{2}{6}$, 4, 2, 2

② 8, 2, 8, 2, 4

③ 9, 1, 9, 1, 9

④ 12, 10, 12, 10, $\frac{12}{10}$, $1\frac{1}{5}$

⑤ 8, 6, 8, 6, $\frac{8}{6}$, $1\frac{1}{3}$

⑥ 5, 1, 5, 1, 5

⑦ 8, 16, 8, 16, $\frac{1}{2}$

⑧ 12, 7, 12, 7, $\frac{12}{7}$, $1\frac{5}{7}$

개념 다지기 026쪽

① 8, 5, 8, 5, $\frac{8}{5}$, $1\frac{3}{5}$

138

② $\frac{7}{8}$, $\frac{4}{8}$, 7, 4, $\frac{7}{4}$, $1\frac{3}{4}$　③ $\frac{16}{18}$, $\frac{4}{18}$, 16, 4, 4

④ $\frac{15}{21}$, $\frac{4}{21}$, $\frac{15+4}{21}$, $\frac{19}{21}$　⑤ $\frac{20}{45}$, $\frac{9}{45}$, 20, 9, $\frac{20}{9}$, $2\frac{2}{9}$

⑥ $\frac{8}{10}$, $\frac{2}{10}$, 8, 2, 4　⑦ $\frac{14}{35}$, $\frac{15}{35}$, 14, 15, $\frac{14}{15}$

⑧ $\frac{15}{18}$, $\frac{5}{18}$, 15, 5, 3

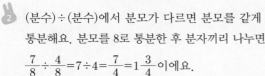

선생님놀이

🐰② (분수)÷(분수)에서 분모가 다르면 분모를 같게 통분해요. 분모를 8로 통분한 후 분자끼리 나누면 $\frac{7}{8} \div \frac{4}{8} = 7 \div 4 = \frac{7}{4} = 1\frac{3}{4}$ 이에요.

🐰⑦ (분수)÷(분수)에서 분모가 다르면 분모를 같게 통분해요. 분모를 35로 통분한 후 분자끼리 나누면 $\frac{14}{35} \div \frac{15}{35} = 14 \div 15 = \frac{14}{15}$ 예요.

개념 다지기　　　　　027쪽

① $\frac{7}{8} \div \frac{5}{12} = \frac{21}{24} \div \frac{10}{24} = 21 \div 10 = \frac{21}{10} = 2\frac{1}{10}$

② $\frac{2}{3} \div \frac{2}{9} = \frac{6}{9} \div \frac{2}{9} = 6 \div 2 = 3$

③ $\frac{4}{5} \div \frac{1}{15} = \frac{12}{15} \div \frac{1}{15} = 12 \div 1 = 12$

④ $\frac{13}{20} \div \frac{1}{4} = \frac{13}{20} \div \frac{5}{20} = 13 \div 5 = \frac{13}{5} = 2\frac{3}{5}$

⑤ $\frac{5}{6} \div \frac{3}{10} = \frac{25}{30} \div \frac{9}{30} = 25 \div 9 = \frac{25}{9} = 2\frac{7}{9}$

⑥ $\frac{3}{4} \div \frac{2}{5} = \frac{15}{20} \div \frac{8}{20} = 15 \div 8 = \frac{15}{8} = 1\frac{7}{8}$

⑦ $\frac{7}{8} - \frac{7}{32} = \frac{28}{32} - \frac{7}{32} = \frac{21}{32}$

⑧ $\frac{9}{12} \div \frac{4}{15} = \frac{45}{60} \div \frac{16}{60} = 45 \div 16 = \frac{45}{16} = 2\frac{13}{16}$

선생님놀이

🐰③ (분수)÷(분수)에서 분모가 다르면 분모를 같게 통분해요. 분모를 15로 통분한 후 분자끼리 나누면 $\frac{12}{15} \div \frac{1}{15} = 12 \div 1 = 12$ 예요.

🐰⑥ (분수)÷(분수)에서 분모가 다르면 분모를 같게 통분해요. 분모를 20으로 통분한 후 분자끼리 나누면 $\frac{15}{20} \div \frac{8}{20} = 15 \div 8 = \frac{15}{8} = 1\frac{7}{8}$ 이에요.

개념 키우기　　　　　028쪽

① 식: $\frac{7}{8} \div \frac{3}{20} = 5\frac{5}{6}$　　　　답: $5\frac{5}{6}$

② (1) $\frac{5}{8}$　　　(2) $\frac{5}{24}$　　　(3) $1\frac{4}{5}$

① $\frac{7}{8}$ cm를 가는 데 $\frac{3}{20}$ 분이 걸리므로 1분 동안 $\frac{7}{8} \div \frac{3}{20} = \frac{35}{40} \div \frac{6}{40} = 35 \div 6 = \frac{35}{6} = 5\frac{5}{6}$ (cm)를 갈 수 있습니다.

② (1) 준성이가 먹은 케이크는 전체의 $\frac{3}{8}$ 이므로 $1 - \frac{3}{8} = \frac{8}{8} - \frac{3}{8} = \frac{5}{8}$ 입니다.

(2) 예나가 먹은 케이크는 준성이가 먹고 남은 양의 $\frac{1}{3}$ 이므로 $\frac{5}{8} \times \frac{1}{3} = \frac{5}{24}$ 입니다.

(3) 준성이가 먹은 케이크는 전체의 $\frac{3}{8}$ 이고, 예나가 먹은 케이크는 전체의 $\frac{5}{24}$ 이므로 준성이가 먹은 케이크의 양은 예나가 먹은 케이크의 양의 $\frac{3}{8} \div \frac{5}{24} = \frac{9}{24} \div \frac{5}{24} = 9 \div 5 = 1\frac{4}{5}$ (배) 입니다.

개념 다시보기　　　　　029쪽

① $\frac{4}{6}$, $\frac{2}{6}$, 4, 2, 2

② $\frac{6}{8}$, $\frac{2}{8}$, 6, 2, 3

③ $\frac{12}{15}$, $\frac{9}{15}$, 12, 9, $\frac{12}{9}$, $1\frac{1}{3}$

④ $\frac{16}{18}$, $\frac{15}{18}$, 16, 15, $\frac{16}{15}$, $1\frac{1}{15}$

⑤ $2\frac{1}{2}$　　　　⑥ $2\frac{3}{4}$

⑦ $\frac{21}{25}$　　　　⑧ $\frac{7}{9}$

① 3   ② (1) 3   (2) 4

> ① □×$\frac{3}{15}$=$\frac{3}{5}$에서 □를 구하기 위해 $\frac{3}{5}$을 $\frac{3}{15}$
> 으로 나누어 주면 됩니다.
> 따라서 □=$\frac{3}{5}$÷$\frac{3}{15}$=$\frac{9}{15}$÷$\frac{3}{15}$=9÷3=3입니다.
>
> ② (1) 2÷$\frac{2}{3}$=$\frac{6}{3}$÷$\frac{2}{3}$=6÷2=3
>
> (2) 3÷$\frac{3}{4}$=$\frac{12}{4}$÷$\frac{3}{4}$=12÷3=4

4단계 (자연수)÷(분수)

◀ 배운 것을 기억해 볼까요?   030쪽

① (1) 2   (2) 3   ② (1) 7   (2) 4$\frac{2}{3}$

개념 익히기   031쪽

① $\frac{24}{8}$, $\frac{6}{8}$, 24, 6, 4   ② 60, 3, 60, 3, 20

③ 18, 2, 18, 2, 9   ④ 25, 4, 25, 4, $\frac{25}{4}$, 6$\frac{1}{4}$

⑤ 28, 3, 28, 3, $\frac{28}{3}$, 9$\frac{1}{3}$ ⑥ 50, 2, 50, 2, 25

⑦ 72, 4, 72, 4, 18   ⑧ 36, 3, 36, 3, 12

개념 다지기   032쪽

① 10, 4, 10, 4, $\frac{10}{4}$, 2$\frac{1}{2}$ ② $\frac{24}{6}$, $\frac{5}{6}$, 24, 5, $\frac{24}{5}$, 4$\frac{4}{5}$

③ $\frac{56}{7}$, $\frac{4}{7}$, 56, 4, 14   ④ $\frac{54}{3}$, $\frac{2}{3}$, 54, 2, 27

⑤ $\frac{6÷2}{8}$, $\frac{3}{8}$ ⑥ $\frac{126}{9}$, $\frac{7}{9}$, 126, 7, 18

⑦ $\frac{128}{8}$, $\frac{3}{8}$, 128, 3, $\frac{128}{3}$, 42$\frac{2}{3}$

⑧ $\frac{100}{5}$, $\frac{4}{5}$, 100, 4, 25

선생님놀이

> ③ (자연수)÷(분수)에서 자연수를 나누는 수인 분수
> 와 통분해야 하므로 분모를 7로 통분해요. 통분한
> 후 분자끼리 나누면 $\frac{56}{7}$÷$\frac{4}{7}$=56÷4=14예요.
>
> ⑧ (자연수)÷(분수)에서 자연수를 나누는 수인 분수
> 와 통분해야 하므로 분모를 5로 통분해요. 통분한
> 후 분자끼리 나누면 $\frac{100}{5}$÷$\frac{4}{5}$=100÷4=25예요.

개념 다지기   033쪽

① 3÷$\frac{4}{7}$=$\frac{21}{7}$÷$\frac{4}{7}$=21÷4=$\frac{21}{4}$=5$\frac{1}{4}$

② 10÷$\frac{2}{5}$=$\frac{50}{5}$÷$\frac{2}{5}$=50÷2=25

③ 8÷$\frac{4}{12}$=$\frac{96}{12}$÷$\frac{4}{12}$=96÷4=24

④ 7÷$\frac{5}{6}$=$\frac{42}{6}$÷$\frac{5}{6}$=42÷5=$\frac{42}{5}$=8$\frac{2}{5}$

⑤ 1$\frac{5}{7}$÷4=$\frac{12}{7}$÷4=$\frac{12÷4}{7}$=$\frac{3}{7}$

⑥ 13÷$\frac{3}{4}$=$\frac{52}{4}$÷$\frac{3}{4}$=52÷3=$\frac{52}{3}$=17$\frac{1}{3}$

⑦ 24÷$\frac{2}{3}$=$\frac{72}{3}$÷$\frac{2}{3}$=72÷2=36

⑧ 3$\frac{3}{5}$÷6=$\frac{18}{5}$÷6=$\frac{18÷6}{5}$=$\frac{3}{5}$

선생님놀이

> ② (자연수)÷(분수)에서 자연수를 나누는 수인 분수
> 와 통분해야 하므로 분모를 5로 통분해요. 통분
> 한 후 분자끼리 나누면 $\frac{50}{5}$÷$\frac{2}{5}$=50÷2=25예요.
>
> ⑥ (자연수)÷(분수)에서 자연수를 나누는 수인 분수
> 와 통분해야 하므로 분모를 4로 통분해요. 통분한
> 후 분자끼리 나누면 $\frac{52}{4}$÷$\frac{3}{4}$=52÷3=$\frac{52}{3}$=17$\frac{1}{3}$
> 이에요.

개념 키우기 **034쪽**

1 식: $2 \div \dfrac{3}{4} = 2\dfrac{2}{3}$ 답: $2\dfrac{2}{3}$

2 (1) 3 (2) 식: $3 \div \dfrac{3}{5} = 5$ 답: 5

---

1 수박 $\dfrac{3}{4}$ 통의 무게가 2 kg이므로 수박 1통의 무게는

$2 \div \dfrac{3}{4} = \dfrac{8}{4} \div \dfrac{3}{4} = 8 \div 3 = \dfrac{8}{3} = 2\dfrac{2}{3}$ (kg)입니다.

2 (1) 주스의 양과 시럽의 양을 더하면

$2\dfrac{7}{8} + \dfrac{1}{8} = 3$ (L)입니다.

(2) 3 L를 $\dfrac{3}{5}$ L 병에 똑같이 담으려면 병은

$3 \div \dfrac{3}{5} = \dfrac{15}{5} \div \dfrac{3}{5} = 15 \div 3 = 5$ (병)이 필요합니다.

개념 다시보기 **035쪽**

1 $\dfrac{10}{5}$, $\dfrac{2}{5}$, 10, 2, 5

2 $\dfrac{12}{6}$, $\dfrac{4}{6}$, 12, 4, 3

3 $\dfrac{24}{3}$, $\dfrac{2}{3}$, 24, 2, 12

4 $\dfrac{28}{7}$, $\dfrac{3}{7}$, 28, 3, $\dfrac{28}{3}$, $9\dfrac{1}{3}$

5 $\dfrac{35}{5}$, $\dfrac{4}{5}$, 35, 4, $\dfrac{35}{4}$, $8\dfrac{3}{4}$

6 $\dfrac{48}{4}$, $\dfrac{3}{4}$, 48, 3, 16

도전해 보세요 **035쪽**

1 14 2 (1) 4 (2) 10

---

1 $\dfrac{7}{9} \times \square = 18$에서 $\square$를 구하기 위해 18을 $\dfrac{9}{7}$로 나누어 주면 됩니다. 따라서 알맞은 수는

$18 \div \dfrac{9}{7} = \dfrac{126}{7} \div \dfrac{9}{7} = 126 \div 9 = 14$입니다.

2 (1) $2\dfrac{2}{3} \div \dfrac{2}{3} = \dfrac{8}{3} \div \dfrac{2}{3} = 8 \div 2 = 4$

(2) $5\dfrac{5}{6} \div \dfrac{7}{12} = \dfrac{35}{6} \div \dfrac{7}{12} = \dfrac{70}{12} \div \dfrac{7}{12} = 70 \div 7 = 10$

5단계 (분수)÷(분수)를 (분수)×(분수)로 나타내기

배운 것을 기억해 볼까요? **036쪽**

1 (1) $\dfrac{3}{10}$ (2) $\dfrac{15}{16}$ 2 (1) 3 (2) 9

개념 익히기 **037쪽**

1 $\dfrac{3}{7}$ 2 $\dfrac{9}{5}$, $\dfrac{6}{5}$, $1\dfrac{1}{5}$

3 $\dfrac{4}{5}$, $\dfrac{7}{6}$, $\dfrac{14}{15}$ 4 $\dfrac{5}{6}$, $\dfrac{7}{4}$, $\dfrac{35}{24}$, $1\dfrac{11}{24}$

5 $\dfrac{3}{8}$, $\dfrac{6}{5}$, $\dfrac{9}{20}$ 6 $\dfrac{3}{4}$, $\dfrac{6}{5}$, $\dfrac{9}{10}$

7 $\dfrac{2}{3}$, $\dfrac{4}{3}$, $\dfrac{8}{9}$ 8 $\dfrac{9}{10}$, $\dfrac{7}{3}$, $\dfrac{21}{10}$, $2\dfrac{1}{10}$

9 $\dfrac{8}{11}$, $\dfrac{7}{4}$, $\dfrac{14}{11}$, $1\dfrac{3}{11}$ 10 $\dfrac{4}{7}$, $\dfrac{9}{8}$, $\dfrac{9}{14}$

11 $\dfrac{2}{7}$, $\dfrac{3}{1}$, $\dfrac{6}{7}$

개념 다지기 **038쪽**

1 $\dfrac{7}{4}$, $1\dfrac{3}{4}$ 2 $\dfrac{8}{5}$, $\dfrac{10}{9}$, $\dfrac{16}{9}$, $1\dfrac{7}{9}$

3 $\dfrac{7}{2}$, $\dfrac{8}{5}$, $\dfrac{28}{5}$, $5\dfrac{3}{5}$ 4 $\dfrac{16}{9}$, $\dfrac{7}{4}$, $\dfrac{28}{9}$, $3\dfrac{1}{9}$

5 $\dfrac{11}{12}$, $\dfrac{9}{12}$, $\dfrac{1}{6}$ 6 $\dfrac{15}{11}$, $\dfrac{8}{3}$, $\dfrac{40}{11}$, $3\dfrac{7}{11}$

7 $\dfrac{20}{7}$, $\dfrac{13}{5}$, $\dfrac{52}{7}$, $7\dfrac{3}{7}$ 8 $\dfrac{19}{12}$, $\dfrac{6}{5}$, $\dfrac{19}{10}$, $1\dfrac{9}{10}$

9 $\dfrac{18}{11}$, $\dfrac{17}{9}$, $\dfrac{34}{11}$, $3\dfrac{1}{11}$ 10 $\dfrac{21}{24}$, $\dfrac{20}{24}$, $\dfrac{41}{24}$, $1\dfrac{17}{24}$

선생님놀이

2 (분수)÷(분수)에서 나누는 분수의 분자와 분모를 바꾸어 곱하면 되므로 $\dfrac{10}{9}$을 곱해요. 따라서

$\dfrac{8}{5} \times \dfrac{10}{9} = \dfrac{16}{9} = 1\dfrac{7}{9}$이에요.

8 (분수)÷(분수)에서 나누는 분수의 분자와 분모를 바꾸어 곱하면 되므로 $\dfrac{6}{5}$을 곱해요. 따라서

$\dfrac{19}{12} \times \dfrac{6}{5} = \dfrac{19}{10} = 1\dfrac{9}{10}$예요.

1. $\dfrac{7}{10} \div \dfrac{5}{6} = \dfrac{7}{10} \times \dfrac{6}{5} = \dfrac{21}{25}$

2. $\dfrac{17}{9} \div \dfrac{2}{3} = \dfrac{17}{9} \times \dfrac{3}{2} = \dfrac{17}{6} = 2\dfrac{5}{6}$

3. $\dfrac{6}{7} \div \dfrac{3}{5} = \dfrac{6}{7} \times \dfrac{5}{3} = \dfrac{10}{7} = 1\dfrac{3}{7}$

4. $\dfrac{11}{12} \times \dfrac{6}{35} = \dfrac{11}{70}$

5. $\dfrac{4}{5} \div \dfrac{8}{7} = \dfrac{4}{5} \times \dfrac{7}{8} = \dfrac{7}{10}$

6. $\dfrac{10}{7} \div \dfrac{5}{6} = \dfrac{10}{7} \times \dfrac{6}{5} = \dfrac{12}{7} = 1\dfrac{5}{7}$

7. $\dfrac{20}{9} \div \dfrac{3}{4} = \dfrac{20}{9} \times \dfrac{4}{3} = \dfrac{80}{27} = 2\dfrac{26}{27}$

8. $\dfrac{13}{12} \div \dfrac{39}{40} = \dfrac{13}{12} \times \dfrac{40}{39} = \dfrac{10}{9} = 1\dfrac{1}{9}$

9. $\dfrac{17}{15} \div \dfrac{34}{45} = \dfrac{17}{15} \times \dfrac{45}{34} = \dfrac{3}{2} = 1\dfrac{1}{2}$

10. $\dfrac{36}{11} \div \dfrac{6}{7} = \dfrac{36}{11} \times \dfrac{7}{6} = \dfrac{42}{11} = 3\dfrac{9}{11}$

선생님놀이

3. (분수)÷(분수)에서 나누는 분수의 분자와 분모를 바꾸어 곱하면 되므로 $\dfrac{5}{3}$ 를 곱해요. 따라서 $\dfrac{6}{7} \times \dfrac{5}{3} = \dfrac{10}{7} = 1\dfrac{3}{7}$ 이에요.

9. (분수)÷(분수)에서 나누는 분수의 분자와 분모를 바꾸어 곱하면 되므로 $\dfrac{45}{34}$ 를 곱해요. 따라서 $\dfrac{17}{15} \times \dfrac{45}{34} = \dfrac{3}{2} = 1\dfrac{1}{2}$ 이에요.

1. 식: $\dfrac{3}{10} \div \dfrac{2}{5} = \dfrac{3}{4}$ 　　　답: $\dfrac{3}{4}$

2. (1) $\dfrac{3}{40}$ 　　(2) 70 　　(3) 14

1. 직사각형의 넓이는 (가로)×(세로)이므로 가로의 길이는 $\dfrac{3}{10} \div \dfrac{2}{5} = \dfrac{3}{10} \times \dfrac{5}{2} = \dfrac{3}{4}$ (m)입니다.

2. (1) 인절미 5개를 만드는 데 콩가루 $\dfrac{3}{8}$ 컵이 필요하므로 $\dfrac{3}{8} \div 5 = \dfrac{3}{8} \times \dfrac{1}{5} = \dfrac{3}{40}$ (컵)입니다.

(2) 인절미 1개를 만드는 데 콩가루 $\dfrac{3}{40}$ 컵이 필요하므로 $\dfrac{21}{4} \div \dfrac{3}{40} = \dfrac{21}{4} \times \dfrac{40}{3} = 70$(개)입니다.

(3) 70개를 한 상자에 5개씩 포장하면 $70 \div 5 = 14$ (상자)를 포장할 수 있습니다.

1. $\dfrac{4}{7}$, $\dfrac{9}{8}$, $\dfrac{9}{14}$ 　　　　2. $\dfrac{2}{5}$, $\dfrac{15}{8}$, $\dfrac{3}{4}$

3. $\dfrac{1}{8}$, $\dfrac{4}{3}$, $\dfrac{1}{6}$ 　　　　4. $\dfrac{5}{6}$, $\dfrac{4}{3}$, $\dfrac{10}{9}$, $1\dfrac{1}{9}$

5. $\dfrac{15}{7}$, $\dfrac{14}{3}$, 10 　　　　6. $\dfrac{10}{9}$, $\dfrac{7}{5}$, $\dfrac{14}{9}$, $1\dfrac{5}{9}$

7. $\dfrac{6}{11}$, $\dfrac{9}{4}$, $\dfrac{27}{22}$, $1\dfrac{5}{22}$ 　　8. $\dfrac{5}{12}$, $\dfrac{21}{10}$, $\dfrac{7}{8}$

1. 4, 5 　　　　2. (1) $1\dfrac{1}{2}$ 　　(2) 6

1. $\dfrac{16}{5} \div \dfrac{9}{10} = \dfrac{16}{5} \times \dfrac{10}{9} = \dfrac{32}{9} = 3\dfrac{5}{9}$ 이고 $\dfrac{16}{5} \div \dfrac{4}{7} = \dfrac{16}{5} \times \dfrac{7}{4} = \dfrac{28}{5} = 5\dfrac{3}{5}$ 이므로 $3\dfrac{5}{9} < \square < 5\dfrac{3}{5}$ 입니다. 따라서 $\square$ 안에 들어갈 자연수는 4, 5입니다.

2. (1) $1\dfrac{2}{5} \div \dfrac{14}{15} = \dfrac{7}{5} \times \dfrac{15}{14} = \dfrac{3}{2} = 1\dfrac{1}{2}$

(2) $3\dfrac{3}{4} \div \dfrac{5}{8} = \dfrac{15}{4} \times \dfrac{8}{5} = 6$

6단계 (대분수)÷(분수)

1. (1) $2\dfrac{1}{2}$ 　　　　(2) $1\dfrac{1}{5}$

2. (1) $\dfrac{2}{3}$, $\dfrac{5}{2}$, $\dfrac{5}{3}$, $1\dfrac{2}{3}$ 　　(2) $\dfrac{10}{11}$, $\dfrac{16}{15}$, $\dfrac{32}{33}$

1 **방법1** $\dfrac{14}{3}$, $4\dfrac{2}{3}$ **방법2** $\dfrac{14}{3}$, $4\dfrac{2}{3}$

2 **방법1** 15, 3, 15, 3, 5 **방법2** 15, 3, 15, 3, 5

3 **방법1** 9, 6, 27, 6, 27, 6, $\dfrac{27}{6}$, $4\dfrac{1}{2}$

   방법2 9, 6, 9, 6, $\dfrac{9}{2}$, $4\dfrac{1}{2}$

4 **방법1** 17, 5, 17, 5, $\dfrac{17}{5}$, $3\dfrac{2}{5}$

   방법2 17, 5, 17, 5, $\dfrac{17}{5}$, $3\dfrac{2}{5}$

5 **방법1** 33, 9, 165, 27, 165, 27, $\dfrac{165}{27}$, $6\dfrac{1}{9}$

   방법2 33, 9, 33, 10, $\dfrac{55}{9}$, $6\dfrac{1}{9}$

1 $\dfrac{29}{9}$, $\dfrac{2}{9}$, 29, 2, $\dfrac{29}{2}$, $14\dfrac{1}{2}$

2 $\dfrac{37}{10}$, $\dfrac{9}{10}$, 37, 9, $\dfrac{37}{9}$, $4\dfrac{1}{9}$

3 $\dfrac{7}{2}$, $\dfrac{3}{4}$, $\dfrac{14}{4}$, $\dfrac{3}{4}$, 14, 3, $\dfrac{14}{3}$, $4\dfrac{2}{3}$

4 $\dfrac{7}{4}$, $\dfrac{7}{9}$, $\dfrac{63}{36}$, $\dfrac{28}{36}$, 63, 28, $\dfrac{63}{28}$, $2\dfrac{1}{4}$

5 $\dfrac{14}{5}$, $\dfrac{3}{5}$, $\dfrac{14}{5}$, $\dfrac{5}{3}$, $\dfrac{14}{3}$, $4\dfrac{2}{3}$

6 $\dfrac{25}{6}$, $\dfrac{5}{7}$, $\dfrac{25}{6}$, $\dfrac{7}{5}$, $\dfrac{35}{6}$, $5\dfrac{5}{6}$

7 $\dfrac{9}{7}$, 3, $\dfrac{9}{7}$, $\dfrac{1}{3}$, $\dfrac{3}{7}$

8 $\dfrac{16}{11}$, $\dfrac{4}{5}$, $\dfrac{16}{11}$, $\dfrac{5}{4}$, $\dfrac{20}{11}$, $1\dfrac{9}{11}$

선생님놀이

 3 (대분수)÷(분수)에서 먼저 대분수를 가분수로 고치면 $3\dfrac{1}{2}=\dfrac{7}{2}$ 이에요. 분모를 통분하여 계산하면 $\dfrac{7}{2}÷\dfrac{3}{4}=\dfrac{14}{4}÷\dfrac{3}{4}=14÷3=\dfrac{14}{3}=4\dfrac{2}{3}$ 예요.

8 (대분수)÷(분수)에서 먼저 대분수를 가분수로 고치면 $1\dfrac{5}{11}=\dfrac{16}{11}$ 이에요. 나누는 분수의 분자와 분모를 바꾸어 곱하면 $\dfrac{16}{11}÷\dfrac{4}{5}=\dfrac{16}{11}×\dfrac{5}{4}=\dfrac{20}{11}$ $=1\dfrac{9}{11}$ 예요.

1 예 $2\dfrac{3}{4}÷\dfrac{5}{8}=\dfrac{11}{4}÷\dfrac{5}{8}=\dfrac{22}{8}÷\dfrac{5}{8}=22÷5=\dfrac{22}{5}=4\dfrac{2}{5}$

   $2\dfrac{3}{4}÷\dfrac{5}{8}=\dfrac{11}{4}÷\dfrac{5}{8}=\dfrac{11}{4}×\dfrac{8}{5}=\dfrac{22}{5}=4\dfrac{2}{5}$

2 예 $3\dfrac{1}{3}÷\dfrac{5}{6}=\dfrac{10}{3}÷\dfrac{5}{6}=\dfrac{20}{6}÷\dfrac{5}{6}=20÷5=4$

3 예 $3\dfrac{3}{7}÷\dfrac{5}{7}=\dfrac{24}{7}÷\dfrac{5}{7}=24÷5=\dfrac{24}{5}=4\dfrac{4}{5}$

4 예 $1\dfrac{5}{9}÷\dfrac{5}{6}=\dfrac{14}{9}÷\dfrac{5}{6}=\dfrac{14}{9}×\dfrac{6}{5}=\dfrac{28}{15}=1\dfrac{13}{15}$

5 예 $1\dfrac{3}{10}÷3=\dfrac{13}{10}×\dfrac{1}{3}=\dfrac{13}{30}$

6 예 $4\dfrac{3}{8}÷\dfrac{7}{9}=\dfrac{35}{8}×\dfrac{9}{7}=\dfrac{45}{8}=5\dfrac{5}{8}$

7 예 $2\dfrac{1}{12}÷\dfrac{5}{9}=\dfrac{25}{12}÷\dfrac{5}{9}=\dfrac{75}{36}÷\dfrac{20}{36}=75÷20=\dfrac{75}{20}=3\dfrac{3}{4}$

8 예 $6÷\dfrac{4}{5}=\dfrac{30}{5}÷\dfrac{4}{5}=30÷4=\dfrac{30}{4}=7\dfrac{1}{2}$

9 예 $1\dfrac{2}{5}÷\dfrac{3}{5}=\dfrac{7}{5}÷\dfrac{3}{5}=7÷3=\dfrac{7}{3}=2\dfrac{1}{3}$

10 예 $7\dfrac{2}{3}÷1\dfrac{5}{6}=\dfrac{23}{3}÷\dfrac{11}{6}=\dfrac{46}{6}÷\dfrac{11}{6}=46÷11$

   $=\dfrac{46}{11}=4\dfrac{2}{11}$

선생님놀이

 4 (대분수)÷(분수)에서 먼저 대분수를 가분수로 고치면 $1\dfrac{5}{9}=\dfrac{14}{9}$ 예요. 나누는 분수의 분자와 분모를 바꾸어 곱하면 $\dfrac{14}{9}÷\dfrac{5}{6}=\dfrac{14}{9}×\dfrac{6}{5}=\dfrac{28}{15}$ $=1\dfrac{13}{15}$ 이에요.

9 (대분수)÷(분수)에서 먼저 대분수를 가분수로 고치면 $1\dfrac{2}{5}=\dfrac{7}{5}$ 이에요. 분모가 같으므로 분자끼리 나누면 $\dfrac{7}{5}÷\dfrac{3}{5}=7÷3=\dfrac{7}{3}=2\dfrac{1}{3}$ 이에요.

1 식: $6\dfrac{6}{7}÷\dfrac{3}{8}=18\dfrac{2}{7}$ 답: $18\dfrac{2}{7}$

2 (1) $3\dfrac{1}{3}$ (2) 2 (3) $6\dfrac{2}{3}$

1 $\frac{3}{8}$ L로 $6\frac{6}{7}$ km를 갈 수 있으므로 1 L로 갈 수 있는 거리는 $6\frac{6}{7} \div \frac{3}{8} = \frac{48}{7} \div \frac{3}{8} = \frac{48}{7} \times \frac{8}{3} = \frac{128}{7}$ $= 18\frac{2}{7}$ (km)입니다.

2 (1) 평행사변형의 넓이를 밑변의 길이로 나누면 $5\frac{1}{3} \div \frac{8}{5} = \frac{16}{3} \div \frac{8}{5} = \frac{16}{3} \times \frac{5}{8} = \frac{10}{3} = 3\frac{1}{3}$ (cm) 입니다.

(2) 평행사변형에서 색칠된 작은 직각삼각형의 높이는 평행사변형의 높이와 같으므로 새롭게 만들어지는 직각삼각형의 높이는 평행사변형 높이의 2배가 됩니다.

(3) 평행사변형의 높이의 2배이므로 $3\frac{1}{3} \times 2 = \frac{10}{3}$ $\times 2 = 6\frac{2}{3}$ (cm)입니다.

개념 다시보기 **047쪽**

1 **방법1** $\frac{11}{3}$, $\frac{2}{3}$, 11, 2, $\frac{11}{2}$, $5\frac{1}{2}$

방법2 $\frac{11}{3}$, $\frac{2}{3}$, $\frac{11}{3}$, $\frac{3}{2}$, $\frac{11}{2}$, $5\frac{1}{2}$

2 **방법1** $\frac{19}{7}$, $\frac{3}{7}$, 19, 3, $\frac{19}{3}$, $6\frac{1}{3}$

방법2 $\frac{19}{7}$, $\frac{3}{7}$, $\frac{19}{7}$, $\frac{7}{3}$, $\frac{19}{3}$, $6\frac{1}{3}$

3 **방법1** $\frac{9}{2}$, $\frac{3}{5}$, $\frac{45}{10}$, $\frac{6}{10}$, 45, 6, $\frac{45}{6}$, $7\frac{1}{2}$

방법2 $\frac{9}{2}$, $\frac{3}{5}$, $\frac{9}{2}$, $\frac{5}{3}$, $\frac{15}{2}$, $7\frac{1}{2}$

도전해 보세요 **047쪽**

1 61, 62

2 (1) 17 　　　　　　　　(2) 9

1 $12 = \frac{60}{5} < \frac{\square}{5} < 2\frac{4}{5} \div \frac{2}{9} = \frac{14}{5} \div \frac{2}{9} = \frac{14}{5} \times \frac{9}{2} = \frac{63}{5}$ 이 됩니다. 따라서 자연수 $\square$는 60보다 크고 63 보다 작은 61과 62가 될 수 있습니다.

2 (1) $5.1 \div 0.3 = \frac{51}{10} \div \frac{3}{10} = 51 \div 3 = 17$

(2) $6.3 \div 0.7 = \frac{63}{10} \div \frac{7}{10} = 63 \div 7 = 9$

7단계 자연수의 나눗셈을 이용한 (소수)÷(소수)

▶ 배운 것을 기억해 볼까요? **048쪽**

1 (1) 45 　　(2) 27 　　　**2** (1) 2.4 　　(2) 1.5

개념 익히기 **049쪽**

1 4; 4 　　　　　　　　**2** 6; 54, 9, 6

3 6; 10, 10, 48, 8, 6

4 9; 10, 10, 63, 7, 9

5 58; 10, 10, 174, 3, 58

6 54; 10, 10, 216, 4, 54

7 75; 10, 10, 525, 7, 75

개념 다지기 **050쪽**

1 27; 135, 5, 27

2 64; 100, 100, 384, 6, 64

3 7; 100, 100, 98, 14, 7

4 88; 100, 100, 792, 9, 88

5 39; 100, 100, 234, 6, 39

6 1.122

7 24; 100, 100, 792, 33, 24

8 5; 100, 100, 505, 101, 5

선생님놀이

 2 나누는 수와 나누어지는 수를 똑같이 100배 하면 3.84는 384가 되고, 0.06은 6이 돼요. (소수)÷(소수)를 (자연수)÷(자연수)로 계산하면 $3.84 \div 0.06 = 384 \div 6 = 64$예요.

5 나누는 수와 나누어지는 수를 똑같이 100배 하면 2.34는 234가 되고, 0.06은 6이 돼요. (소수)÷(소수)를 (자연수)÷(자연수)로 계산하면 $2.34 \div 0.06 = 234 \div 6 = 39$예요.

1 4;

$$\begin{matrix} 2.8 & \div & 0.7 \\ 28 & \div & 7 \end{matrix} = 4$$

10배 ↓ ↓ 10배

2 75;

$$\begin{matrix} 22.5 & \div & 0.3 \\ 225 & \div & 3 \end{matrix} = 75$$

10배 ↓ ↓ 10배

3 7;

$$\begin{matrix} 0.84 & \div & 0.12 \\ 84 & \div & 12 \end{matrix} = 7$$

100배 ↓ ↓ 100배

4 62;

$$\begin{matrix} 4.34 & \div & 0.07 \\ 434 & \div & 7 \end{matrix} = 62$$

100배 ↓ ↓ 100배

5 6;

$$\begin{matrix} 9.6 & \div & 1.6 \\ 96 & \div & 16 \end{matrix} = 6$$

10배 ↓ ↓ 10배

6 18;

$$\begin{matrix} 3.6 & \div & 0.2 \\ 36 & \div & 2 \end{matrix} = 18$$

10배 ↓ ↓ 10배

7 96;

$$\begin{matrix} 7.68 & \div & 0.08 \\ 768 & \div & 8 \end{matrix} = 96$$

100배 ↓ ↓ 100배

8 24;

$$\begin{matrix} 3.84 & \div & 0.16 \\ 384 & \div & 16 \end{matrix} = 24$$

100배 ↓ ↓ 100배

선생님놀이

3 나누는 수와 나누어지는 수를 똑같이 100배 하면 0.84는 84가 되고, 0.12는 12가 돼요.
(소수)÷(소수)를 (자연수)÷(자연수)로 계산하면 0.84÷0.12=84÷12=7이에요.

8 나누는 수와 나누어지는 수를 똑같이 100배 하면 3.84는 384가 되고, 0.16은 16이 돼요.
(소수)÷(소수)를 (자연수)÷(자연수)로 계산하면 3.84÷0.16=384÷16=24예요.

1 24

2 (1) 27　　(2) 28　　(3) 9　　(4) 10

1 선물 상자 하나를 포장하는 데 리본 0.6 m가 필요하므로 14.4÷0.6=144÷6=24(개)입니다.

2 (1) 은행나무 사이의 간격이 0.05 km이므로 1.35÷0.05=135÷5=27(개)입니다.

(2) 은행나무를 처음부터 끝까지 심게 되므로 간격 수에 1을 더하면 필요한 은행나무의 수가 됩니다. 따라서 27+1=28(그루)가 됩니다.

(3) 단풍나무 사이의 간격이 0.15 km이므로 1.35÷0.15=135÷15=9(개)입니다.

(4) 단풍나무를 처음부터 끝까지 심게 되므로 간격 수에 1을 더하면 필요한 단풍나무의 수가 됩니다. 따라서 9+1=10(그루)가 됩니다.

1 7; 7　　　　　　　　**2** 9; 10, 10, 81, 9, 9

3 6; 10, 10, 252, 42, 6

4 16; 100, 100, 128, 8, 16

5 6　　　　　　　　　**6** 19

7 29　　　　　　　　　**8** 24

1 3, 4, 5, 2　　**2** 1000, 1000, 256, 16, 16

1 주어진 식이 □.□□÷1.5=□.3이므로
□.□□=□.3×1.5입니다.
□.3×1.5에서 □=2일 때 2.3×1.5=3.45입니다.
따라서 □ 안에 앞에서부터 3, 4, 5, 2를 써넣으면 3.45÷1.5=2.3으로 식이 성립합니다.

2 나누는 수와 나누어지는 수를 똑같이 1000배 하면 0.256은 256이 되고, 0.016은 16이 됩니다.
(소수)÷(소수)를 (자연수)÷(자연수)로 계산하면 0.256÷0.016=256÷16=16이 됩니다.

8단계 자릿수가 같은
(소수)÷(소수)

배운 것을 기억해 볼까요?　　　　054쪽

1 (1) 0.7　　(2) 0.6　　2 (1) 9　　(2) 16

개념 익히기　　　　055쪽

1 (1) 17　　　　　　　(2) 17
2 (1) 28, 4, 28, 4, 7　　(2) 7, 28
3 (1) 36, 6, 36, 6, 6　　(2) 6, 36
4 (1) 49, 7, 49, 7, 7　　(2) 7, 49
5 (1) 96, 8, 96, 8, 12　　(2) 12, 8, 16, 16

개념 다지기　　　　056쪽

1 (1) 434, 31, 434, 31, 14　　(2) 14

2 (1) $\frac{253}{100}$, $\frac{23}{100}$, 253, 23, 11　　(2) 11

3 (1) $\frac{805}{100}$, $\frac{35}{100}$, 805, 35, 23　　(2) 23

4 (1) $\frac{918}{100}$, $\frac{27}{100}$, 918, 27, 34　　(2) 34

5 (1) $\frac{462}{100}$, $\frac{7}{100}$, 462, 7, 66　　(2) 66

6 (1) $\frac{552}{100}$, $\frac{69}{100}$, 552, 69, 8　　(2) 8

선생님놀이

2 (1) 소수를 분수로 고쳐서 분수의 나눗셈으로 계산하면 $\frac{253}{100} \div \frac{23}{100}$=253÷23=11이에요.
(2) 나누어지는 수 2.53과 나누는 수 0.23은 소수 두 자리 수로 자릿수가 같으므로 소수점을 오른쪽으로 2칸 옮겨서 세로셈으로 계산하면 253÷23=11이에요.

```
            1 1
0 . 2 3 ) 2 . 5 3
          2 3
            2 3
            2 3
              0
```

4 (1) 소수를 분수로 고쳐서 분수의 나눗셈으로 계산하면 $\frac{918}{100} \div \frac{27}{100}$=918÷27=34예요.
(2) 나누어지는 수 9.18과 나누는 수 0.27은 소수 두 자리 수로 자릿수가 같으므로 소수점을 오른쪽으로 2칸 옮겨서 세로셈으로 계산하면 918÷27=34예요.

```
              3 4
0 . 2 7 ) 9 . 1 8
          8 1
            1 0 8
            1 0 8
                0
```

개념 다지기　　　　057쪽

1 예 $1.56 \div 0.26 = \frac{156}{100} \div \frac{26}{100} = 156 \div 26 = 6$

2 예 $5.94 \div 0.22 = \frac{594}{100} \div \frac{22}{100} = 594 \div 22 = 27$

3 예 $14.4 \div 1.2 = \frac{144}{10} \div \frac{12}{10} = 144 \div 12 = 12$

4 예 $7.2 \div 0.9 = \frac{72}{10} \div \frac{9}{10} = 72 \div 9 = 8$

5 예 $2.24 \div 0.32 = \frac{224}{100} \div \frac{32}{100} = 224 \div 32 = 7$

6 예 $4.41 \div 0.49 = \frac{441}{100} \div \frac{49}{100} = 441 \div 49 = 9$

7 예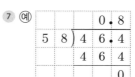

8 예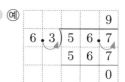

9 예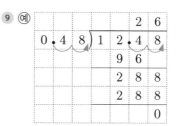

10 예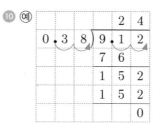

4️⃣ 소수를 분수로 고쳐서 분수의 나눗셈으로 계산하면 $\frac{72}{10} \div \frac{9}{10} = 72 \div 9 = 8$이에요.

🔟 나누어지는 수 9.12와 나누는 수 0.38은 소수 두 자리 수로 자릿수가 같으므로 소수점을 오른쪽으로 2칸 옮겨서 세로셈으로 계산하면 $912 \div 38 = 24$예요.

1️⃣ (1) 나누어지는 수 0.748과 나누는 수 0.044는 소수 세 자리 수로 자릿수가 같으므로 소수점을 오른쪽으로 3칸 옮겨서 세로셈으로 계산하면 $748 \div 44 = 17$입니다.

(2) 나누어지는 수 0.325와 나누는 수 0.025는 소수 세 자리 수로 자릿수가 같으므로 소수점을 오른쪽으로 3칸 옮겨서 세로셈으로 계산하면 $325 \div 25 = 13$입니다.

2️⃣ ★×★×3.14=28.26에서 ★×★=28.26÷3.14=9입니다. ★×★=9에서 같은 수를 곱해서 9가 나오는 수는 3이므로 ★=3입니다.

개념 키우기 **058쪽**

1️⃣ 12

2️⃣ (1) 270　　　(2) 337.5　　　(3) 15

1️⃣ 텃밭의 넓이는 (가로)×(세로)이므로 세로의 길이는 $51.6 \div 4.3 = \frac{516}{10} \div \frac{43}{10} = 516 \div 43 = 12$(m)입니다.

2️⃣ (1) 직사각형의 넓이는 (가로)×(세로)이므로 $60 \times 4.5 = 270$(m²)입니다.

(2) 수영장 밑면의 넓이가 270 m²이고 물의 깊이가 1.25 m이므로 물의 부피는 $270 \times 1.25 = 337.5$(m³)가 됩니다.

(3) 시간당 22.5 m³씩 물을 채우게 되므로 $337.5 \div 22.5 = \frac{3375}{10} \div \frac{225}{10} = 3375 \div 225 = 15$(시간)이 됩니다.

개념 다시보기 **059쪽**

1️⃣ (1) 64, 8, 64, 8, 8　　　　(2) 8

2️⃣ (1) $\frac{285}{100}$, $\frac{15}{100}$, 285, 15, 19　(2) 19

3️⃣ 14　　4️⃣ 14　　5️⃣ 16　　6️⃣ 8

도전해 보세요 **059쪽**

1️⃣ (1) 17　　　　(2) 13

2️⃣ 3

9단계 자릿수가 다른 (소수)÷(소수)

배운 것을 기억해 볼까요? **060쪽**

1️⃣ (1) 1.2　　(2) 3.7　　2️⃣ (1) 12　　(2) 18

개념 익히기 **061쪽**

1️⃣ (1) 8.4　　　　　　(2) 8.4

2️⃣ (1) 53.2, 7, 53.2, 7, 7.6　(2) 7.6, 49, 42, 42

3️⃣ (1) 23.6, 4, 23.6, 4, 5.9　(2) 5.9, 20, 36, 36

4️⃣ (1) 28.5, 5, 28.5, 5, 5.7　(2) 5.7, 25, 35, 35

5️⃣ (1) 65.7, 9, 65.7, 9, 7.3　(2) 7.3, 63, 27, 27

개념 다지기 **062쪽**

1️⃣ (1) 34.5, 15, 34.5, 15, 2.3　(2) 2.3

2️⃣ (1) $\frac{58.8}{10}$, $\frac{12}{10}$, 58.8, 12, 4.9　(2) 4.9

3️⃣ (1) $\frac{74.8}{10}$, $\frac{34}{10}$, 74.8, 34, 2.2　(2) 2.2

4️⃣ (1) $\frac{88.2}{10}$, $\frac{63}{10}$, 88.2, 63, 1.4　(2) 1.4

5️⃣ 11.55

6 (1) $\dfrac{16.2}{10}$, $\dfrac{18}{10}$, 16.2, 18, 0.9　　(2) 0.9

선생님놀이

3 (1) 소수를 분모가 10인 분수로 고쳐서 분수의 나눗셈으로 계산하면 $\dfrac{74.8}{10} \div \dfrac{34}{10} = 74.8 \div 34 = 2.2$예요.

(2) 나누는 수 3.4를 자연수로 만들기 위해 나누어지는 수 7.48과 나누는 수 3.4의 소수점을 오른쪽으로 한 칸씩 옮겨 세로셈으로 계산하면 $7.48 \div 3.4 = 74.8 \div 34 = 2.2$예요.

```
          2.2
3.4 ) 7.4 8
      6 8
        6 8
        6 8
          0
```

6 (1) 소수를 분모가 10인 분수로 고쳐서 분수의 나눗셈으로 계산하면 $\dfrac{16.2}{10} \div \dfrac{18}{10} = 16.2 \div 18 = 0.9$예요.

(2) 나누는 수 1.8을 자연수로 만들기 위해 나누어지는 수 1.62와 나누는 수 1.8의 소수점을 오른쪽으로 한 칸씩 옮겨 세로셈으로 계산하면 $1.62 \div 1.8 = 16.2 \div 18 = 0.9$예요.

```
            0.9
1.8 ) 1.6 2
      1 6 2
          0
```

개념 다지기　　**063쪽**

1 예) $2.38 \div 3.4 = \dfrac{23.8}{10} \div \dfrac{34}{10} = 23.8 \div 34 = 0.7$

2 예) $9.36 \div 5.2 = \dfrac{93.6}{10} \div \dfrac{52}{10} = 93.6 \div 52 = 1.8$

3 예) $9.24 \div 2.1 = \dfrac{92.4}{10} \div \dfrac{21}{10} = 92.4 \div 21 = 4.4$

4 예) $2.16 \div 0.8 = \dfrac{21.6}{10} \div \dfrac{8}{10} = 21.6 \div 8 = 2.7$

5 예) $0.68 \div 0.4 = \dfrac{6.8}{10} \div \dfrac{4}{10} = 6.8 \div 4 = 1.7$

6 예) $15.48 \div 3.6 = \dfrac{154.8}{10} \div \dfrac{36}{10} = 154.8 \div 36 = 4.3$

7 예)
```
          3.6
0.6 ) 2.1 6
      1 8
        3 6
        3 6
          0
```

8 예)
```
          1.8
2.8 ) 5.0 4
      2 8
        2 2 4
        2 2 4
            0
```

9 예)
```
          0.0 9
8 8 ) 7.9 2
      7 9 2
          0
```

10 예)
```
          3.8
7.9 ) 3 0.0 2
      2 3 7
        6 3 2
        6 3 2
            0
```

선생님놀이

3 소수를 분모가 10인 분수로 고쳐서 분수의 나눗셈으로 계산하면 $9.24 \div 2.1 = \dfrac{92.4}{10} \div \dfrac{21}{10} = 92.4 \div 21 = 4.4$예요.

10 나누는 수 7.9를 자연수로 만들기 위해 나누어지는 수 30.02와 나누는 수 7.9의 소수점을 오른쪽으로 한 칸씩 옮겨 세로셈으로 계산하면 $30.02 \div 7.9 = 300.2 \div 79 = 3.8$이에요.

개념 키우기　　**064쪽**

1 3.5

2 (1) 1.5　　(2) 24　　(3) 40

1 가로가 2.5 cm에서 8.75 cm로 길어졌으므로 $8.75 \div 2.5 = \dfrac{87.5}{10} \div \dfrac{25}{10} = 87.5 \div 25 = 3.5$(배) 길어졌습니다.

2 (1) 집에서 공원까지의 거리를 집에서 학교까지의 거리로 나누면 $2.85 \div 1.9 = \dfrac{28.5}{10} \div \dfrac{19}{10} = 28.5 \div 19 = 1.5$(배)입니다.

(2) 집에서 학교까지 16분이 걸리는데

집에서 공원까지의 거리는 1.5배이므로
16×1.5 =24(분) 걸립니다.

(3) 집에서 학교까지 16분, 공원까지 24분이 걸리므로 16+24=40(분) 걸립니다.

개념 다시보기 **065쪽**

1 (1) 16.5, 5, 16.5, 5, 3.3 (2) 3.3
2 (1) 10.5, 7, 10.5, 7, 1.5 (2) 1.5
3 1.2 4 1.6 5 4.9 6 2.3

도전해 보세요 **065쪽**

1

이유 몫의 소수점을 오른쪽으로 한 칸 옮겨야 된다.

2 (1) 50 (2) 40

1 나누는 수 1.3을 자연수로 만들기 위해 소수점을 오른쪽으로 한 칸 옮기면 나누어지는 수 2.08의 소수점도 오른쪽으로 한 칸 옮겨야 합니다. 몫의 소수점은 나누어지는 수의 옮겨진 소수점의 위치와 같으므로 몫은 1.6이 됩니다.

2 (1) $72.5÷1.45=\dfrac{7250}{100}÷\dfrac{145}{100}=7250÷145=50$

(2) $108.4÷2.71=\dfrac{10840}{100}÷\dfrac{271}{100}=10840÷271=40$

10단계 (자연수)÷(소수)

배운 것을 기억해 볼까요? **066쪽**

1 0.33, 0.11 2 (1) 1.6 (2) 7

개념 익히기 **067쪽**

1 (1) 25 (2) 25
2 (1) 360, 24, 360, 24, 15 (2) 15, 24, 120, 120
3 (1) 540, 36, 540, 36, 15 (2) 15, 36, 180, 180
4 (1) 550, 22, 550, 22, 25 (2) 25, 44, 110, 110
5 (1) 650, 5, 650, 5, 130 (2) 130, 5, 15, 15

개념 다지기 **068쪽**

1 (1) 4200, 525, 4200, 525, 8 (2) 8
2 (1) $\dfrac{1300}{100}$, $\dfrac{325}{100}$, 1300, 325, 4 (2) 4
3 (1) $\dfrac{9200}{100}$, $\dfrac{575}{100}$, 9200, 575, 16 (2) 16
4 (1) $\dfrac{3400}{100}$, $\dfrac{136}{100}$, 3400, 136, 25 (2) 25
5 (1) $\dfrac{2900}{100}$, $\dfrac{145}{100}$, 2900, 145, 20 (2) 20
6 (1) $\dfrac{6400}{100}$, $\dfrac{256}{100}$, 6400, 256, 25 (2) 25

선생님놀이

2 (1) 소수를 분모가 100인 분수로 고쳐서 분수의 나눗셈으로 계산하면

$\dfrac{1300}{100}÷\dfrac{325}{100}=1300÷325=4$예요.

(2) 나누는 수 3.25를 자연수로 만들기 위해 나누어지는 수 13과 나누는 수 3.25의 소수점을 오른쪽으로 두 칸씩 옮겨 세로셈으로 계산하면 1300÷325=4예요.

5 (1) 소수를 분모가 100인 분수로 고쳐서 분수의 나눗셈으로 계산하면

$\dfrac{2900}{100}÷\dfrac{145}{100}=2900÷145=20$이에요.

(2) 나누는 수 1.45를 자연수로 만들기 위해 나누어지는 수 29와 나누는 수 1.45의 소수점을 오른쪽으로 두 칸씩 옮겨 세로셈으로 계

산하면 2900÷145=20이에요.

```
                    2 0
1 . 4 5 ) 2 9 . 0 0
            2 9 0
                0
```

개념 다지기　069쪽

① (예) $20÷1.25=\dfrac{2000}{100}÷\dfrac{125}{100}=2000÷125=16$

② (예) $87÷1.45=\dfrac{8700}{100}÷\dfrac{145}{100}=8700÷145=60$

③ (예) $9÷1.8=\dfrac{90}{10}÷\dfrac{18}{10}=90÷18=5$

④ (예) $58÷2.32=\dfrac{5800}{100}÷\dfrac{232}{100}=5800÷232=25$

⑤ (예) $266÷7.6=\dfrac{2660}{10}÷\dfrac{76}{10}=2660÷76=35$

⑥ (예) $84÷2.8=\dfrac{840}{10}÷\dfrac{28}{10}=840÷28=30$

⑦ (예)
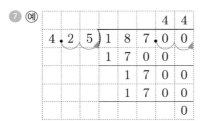
```
                        4 4
4 . 2 5 ) 1 8 7 . 0 0
            1 7 0 0
                1 7 0 0
                1 7 0 0
                      0
```

⑧
```
    1 . 2 5
×     0 . 6
0 . 7 5 0
```

⑨ (예)
```
                1 4
6 . 5 ) 9 1 . 0
          6 5
          2 6 0
          2 6 0
              0
```

⑩ (예)
```
                    8
3 . 7 5 ) 3 0 0 . 0 0
          3 0 0 0
                0
```

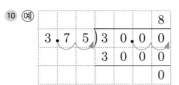

선생님놀이

소수를 분모가 100인 분수로 고쳐서 분수의 나눗셈으로 계산하면 $58÷2.32=\dfrac{5800}{100}÷\dfrac{232}{100}=$ 5800÷232=25예요.

⑦ 나누는 수 4.25를 자연수로 만들기 위해 나누어지는 수 187과 나누는 수 4.25의 소수점을 오른쪽으로 두 칸씩 옮겨 세로셈으로 계산하면 18700÷425=44예요.

개념 키우기　070쪽

① 8

② (1) 1300　　　(2) 1100　　　　(3) 나

① 1개를 만드는 데 4.5 g이 필요하므로 36÷4.5= $\dfrac{360}{10}÷\dfrac{45}{10}=360÷45=8$(개) 만들 수 있습니다.

② (1) 2.5 L에 3250원이므로 3250÷2.5= $\dfrac{32500}{10}÷\dfrac{25}{10}=32500÷25=1300$(원)입니다.

(2) 3.2 L에 3520원이므로 3520÷3.2= $\dfrac{35200}{10}÷\dfrac{32}{10}=35200÷32=1100$(원)입니다.

(3) (가) 세제는 1 L당 가격이 1300원이고,
(나) 세제는 1 L당 가격이 1100원이므로
(나) 세제가 더 저렴합니다.

개념 다시보기　071쪽

① (1) 320, 5, 320, 5, 64　　(2) 64

② (1) 540, 36, 540, 36, 15　　(2) 15

③ 32　　　　④ 25　　　⑤ 5　　　⑥ 8

도전해 보세요　071쪽

① 식: 9÷4.5=2　　　답: 2

② (1) 4.8　　　(2) 25

① 몫이 가장 크려면 가장 큰 수를 가장 작은 수로 나누어야 합니다. 나눗셈 식을 세워 계산하면 $9÷4.5=\dfrac{90}{10}÷\dfrac{45}{10}=90÷45=2$가 됩니다.

② (1) $30÷6.25=\dfrac{3000}{100}÷\dfrac{625}{100}=3000÷625=4.8$

(2) $78 \div 3.12 = \dfrac{7800}{100} \div \dfrac{312}{100} = 7800 \div 312 = 25$

11단계 소수의 나눗셈의 몫을 반올림하여 나타내기

◀ 배운 것을 기억해 볼까요? **072쪽**

① 60, 800

② (1) 11 (2) 2.6

개념 익히기 **073쪽**

① 3; 3.2

② 5; 5.2, 45, 20, 18

③ 2; 1.5, 7, 40, 35

④ 3; 2.6, 12, 40, 36

⑤ 9, 8.5, 56, 38, 35

개념 다지기 **074쪽**

① 2.7; 2.73

② 2.4; 2.41

③ 5.5; 5.45

④ 2.8; 2.83

⑤ 2.4; 2.38

⑥ 4.1; 4.08

선생님놀이

```
        2 . 4   1
  7 ) 1 6 . 9   0
      1 4
        2 9
        2 8
            1 0
             7
             3
```

몫을 소수 둘째 자리에서 반올림하기 위해 소수 둘째 자리까지 구하면 2.41이에요. 소수 둘째 자리의 수가 1이므로 반올림하면 2.4예요.

```
        2 . 3   8
  9 ) 2 1 . 5   0
      1 8
        3 5
        2 7
            8 0
            7 2
             8
```

몫을 소수 둘째 자리에서 반올림하기 위해 소수 둘째 자리까지 구하면 2.38이에요. 소수 둘째 자리의 수가 8이므로 반올림하면 2.4예요.

개념 다지기 **075쪽**

① 2.8,

```
            2 . 8   3
  0 . 6 ) 1 . 7 0   0
          1 2
            5 0
            4 8
              2 0
              1 8
               2
```

② 0.5,

```
          0 . 4   7
  1 1 ) 5 . 2   0
        4 4
          8 0
          7 7
           3
```

③ 4.9,

```
          4 . 8   5
  7 ) 3 4 . 0   0
      2 8
        6 0
        5 6
          4 0
          3 5
           5
```

④ 6.56,

```
            6 . 5 5   5
  0 . 9 ) 5 . 9 0 0   0
          5 4
            5 0
            4 5
              5 0
              4 5
                5 0
                4 5
                  5
```

⑤ $4\dfrac{1}{5} \div \dfrac{3}{5} = \dfrac{21}{5} \div \dfrac{3}{5} = 21 \div 3 = 7$

⑥ 5.63,

```
            5 . 6 3   3
  0 . 3 ) 1 . 6 9 0   0
          1 5
            1 9
            1 8
              1 0
               9
               1 0
                9
                1
```

③ 몫을 소수 첫째 자리까지 나타내야 하므로 몫을 소수 둘째 자리까지 구하면 4.85이고, 반올림하면 4.9예요.

⑥ 몫을 소수 둘째 자리까지 나타내야 하므로 몫을 소수 셋째 자리까지 구하면 5.633이고, 반올림하면 5.63이에요.

개념 키우기 **076쪽**

① 0.8

② (1) 7　　(2) 2, 20　　(3) 8.6　　(4) 2, 52

①
```
    0. 8 1
6 ) 4. 9 0
    4 8
      1 0
         6
         4
```
4.9 kg을 6명이 똑같이 나누어 가지므로 4.9÷6입니다. 세로셈으로 계산하면 0.81이므로 소수 둘째 자리에서 반올림하면 0.8입니다. 따라서 약 0.8 kg씩 나누어 가지게 됩니다.

② (1)
```
    7. 1
7 ) 5 0. 0
    4 9
      1 0
         7
         3
```
50÷7을 세로셈으로 계산하면 7.1이므로 소수 첫째 자리에서 반올림하면 7입니다. 따라서 약 7배입니다.

(2) 7 km를 가는 데 20초가 걸리고 50 km는 7 km의 약 7배입니다. 따라서 20×7=140(초)이므로 약 2분 20초입니다.

(3)
```
      8. 5 7
7 ) 6 0. 0 0
    5 6
      4 0
      3 5
         5 0
         4 9
            1
```
60÷7을 세로셈으로 계산하면 8.57이므로 소수 둘째자리에서 반올림하면 8.6입니다. 따라서 약 8.6배입니다.

(4) 7 km를 가는 데 20초가 걸리고 60 km는 7 km의 약 8.6배입니다. 따라서 20×8.6=172(초)이므로 약 2분 52초입니다.

개념 다시보기 **077쪽**

① 5; 5.3　　② 17; 17.3　　③ 0.7; 0.71
④ 1.6; 1.56　　⑤ 8; 7.8　　⑥ 1.8; 1.84

도전해 보세요 **077쪽**

① 0.363636　　② 0.19, 0.18

① 8÷22=0.36363636……으로 같은 숫자가 규칙적으로 반복됩니다. 소수 일곱째 자리의 수는 3이므로 반올림하면 0.363636입니다.

② 2÷11=0.181……로 같은 숫자가 규칙적으로 반복됩니다. 소수 둘째 자리까지 올림과 버림한 수를 구하기 위해 소수 셋째 자리의 수를 보면 1이므로 올림하면 0.19, 버림하면 0.18입니다.

12단계 나누어 주고 남는 양 알아보기

배운 것을 기억해 볼까요? **078쪽**

① (1) 72, 1　(2) 25, 10　② (1) 0.35　(2) 0.36

개념 익히기 **079쪽**

① **방법1** 4, 4, 4, 4, 4, 1.4
　방법2 5; 5, 1.4
② **방법1** 3, 3, 3, 3, 3, 2.5
　방법2 5, 15, 2.5; 5, 2.5
③ **방법1** 6, 6, 6, 6, 1.5
　방법2 4, 24, 1.5; 4, 1.5

개념 다지기 **080쪽**

① 5, 4.7　　　② 2, 1.1
③ 4, 1.6　　　④ 5, 2.5
⑤ 4, 2.4　　　⑥ 9
⑦ 4, 6.9　　　⑧ 8, 0.9

① 34.7÷6을 세로셈으로 계산하여 몫을 자연수 부분까지 구하면 몫은 5가 되고, 남는 수는 4.7이에요.

```
      5
6 ) 3 4 . 7
    3 0
      4 . 7
```

⑤ 34.4÷8을 세로셈으로 계산하여 몫을 자연수 부분까지 구하면 몫은 4가 되고, 남는 수는 2.4예요.

```
      4
8 ) 3 4 . 4
    3 2
      2 . 4
```

개념 다지기　　　　　　　　**081쪽**

① 몫: 4, 남는 수: 3.2

```
      4
8 ) 3 5 . 2
    3 2
      3 . 2
```

② 몫: 2, 남는 수: 4.3

```
      2
5 ) 1 4 . 3
    1 0
      4 . 3
```

③ 몫: 18, 남는 수: 0.9

```
    1 8
3 ) 5 4 . 9
    3
    2 4
    2 4
      0 . 9
```

④ 몫: 9, 남는 수: 2.27

```
      9
9 ) 8 3 . 2 7
    8 1
      2 . 2 7
```

⑤ 몫: 12, 남는 수: 1.9

```
    1 2
7 ) 8 5 . 9
    7
    1 5
    1 4
      1 . 9
```

⑥
```
      6 . 2 7
  ×     0 . 6
      3 . 7 6 2
```

⑦ 몫: 13, 남는 수: 3.7

```
    1 3
9 ) 1 2 0 . 7
    9
    3 0
    2 7
      3 . 7
```

⑧ 몫: 22, 남는 수: 3.55

```
    2 2
4 ) 9 1 . 5 5
    8
    1 1
      8
      3 . 5 5
```

③ 54.9÷3을 세로셈으로 계산하여 몫을 자연수 부분까지 구하면 몫은 18이고, 남는 수는 0.9예요.

⑧ 91.55÷4를 세로셈으로 계산하여 몫을 자연수 부분까지 구하면 몫은 22가 되고, 남는 수는 3.55예요.

개념 키우기　　　　　　　　**082쪽**

① 7, 0.9

② (1) 45.6　　(2) 54.4　　(3) 8, 1.6

①
```
      7
5 ) 3 5 . 9
    3 5
      0 . 9
```
35.9 kg을 5 kg씩 나누어 담으면 35.9÷5입니다. 따라서 세로셈으로 계산하면 포도를 7상자에 담고 0.9 kg이 남게 됩니다.

② (1) 두께가 7.6 cm인 동화책 6권의 너비는 7.6×6=45.6(cm)입니다.

(2) 1 m는 100 cm이므로 100-45.6=54.4(cm)입니다.

(3)
```
          8
6 . 6 ) 5 4 . 4
        5 2 8
          1 . 6
```
세로셈으로 계산하면 6.6 cm인 동화책을 8권 꽂고 1.6 cm가 남습니다.

개념 다시보기　　　　　　　　**083쪽**

① 3, 2.5　　　　② 9, 0.9

③ 2, 4.7　　　　④ 9, 1.3

도전해 보세요　　　　　　　　**083쪽**

① 127.5　　　　② 해설참조

① 어떤 수를 □라고 하면 □÷9가 몫은 14, 남는 수는 1.5이므로 □=9×14+1.5=127.5가 됩니다.

② 세로셈으로 계산하면 몫은
11이고, 남는 수는 0.67이
됩니다.

```
        1 1
0.8 )9.4 7
      8
      1 4
        8
      0 6 7
```

하면 16이 돼요. 전항에 어떤 수를 곱하여 36이
되려면 4를 곱해야 돼요. 따라서 후항도 같은
수 4를 곱하면 32예요. 전항에 어떤 수를 곱하
여 72가 되려면 8을 곱해야 돼요. 따라서 후항
도 같은 수 8을 곱하면 64예요.

13단계 같은 수를 곱하는 비의 성질

◀ **배운 것을 기억해 볼까요?** **084쪽**

1 $\frac{3}{5}$, 0.6

2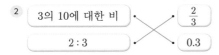

개념 익히기 **085쪽**

① 2, 6   ② 6, 15   ③ 12, 16
④ 10, 35   ⑤ 36, 30   ⑥ 63, 14
⑦ 56, 64   ⑧ 27, 54   ⑨ 30, 40

개념 다지기 **086쪽**

① 4, 6; 2   ② 45, 135; 9
③ 84, 48; 12   ④ 48, 36; 4
⑤ 7; 42; 7   ⑥ 5; 15; 5
⑦ 12, 16, 15, 20, 18, 24
⑧ 16, 32, 64

선생님놀이

 7 : 4의 전항에 12를 곱하면 84가 되고
후항에 12를 곱하면 48이 돼요.

 9 : 8의 전항에 어떤 수를 곱하여 18이 되려면 2
를 곱해야 돼요. 따라서 후항도 같은 수 2를 곱

개념 다지기 **087쪽**

① 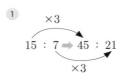   ②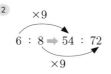

③ 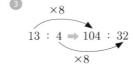   ④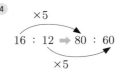

⑤ 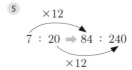   ⑥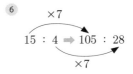

⑦ 분수: $\frac{2}{5}$, 소수: $\frac{2}{5}=\frac{2\times2}{5\times2}=\frac{4}{10}=0.4$

⑧ 분수: $\frac{13}{4}$, 소수: $\frac{13}{4}=\frac{13\times25}{4\times25}=\frac{325}{100}=3.25$

⑨ 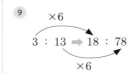   ⑩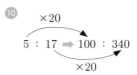

선생님놀이

 13 : 4의 전항과 후항에 각각 8을 곱하면
104 : 32가 돼요.

 5 : 17의 전항과 후항에 각각 20을 곱하면
100 : 340이 돼요.

개념 키우기 **088쪽**

① 32000

② (1) 21   (2) 27   (3) 21 : 27   (4) $\frac{21}{27}\left(=\frac{7}{9}\right)$

154

① 스케치북 4권이 8000원이므로 스케치북 16권의
값은 4 : 8000 ➡ 16 : □로 구할 수 있습니다.
전항에 4를 곱했으므로 후항에 4를 곱하면
□=8000×4=32000(원)입니다.

② (1) 여권용 사진의 가로의 길이는 3.5 cm이므로
6배 하면 21 cm입니다.

(2) 여권용 사진의 세로의 길이는 4.5 cm이므로
6배 하면 27 cm입니다.

(3) 가로와 세로의 비를 6배 확대하면
각각 21 cm, 27 cm이므로
(가로) : (세로)= 21 : 27입니다.

(4) (가로) : (세로) = 21 : 27이므로 비율을 분수로
나타내면 $\frac{21}{27}=\frac{7}{9}$이 됩니다.

개념 다시보기   089쪽

① 18, 3   ② 20, 32   ③ 27, 63; 9
④ 7; 49, 91   ⑤ 5; 25; 5   ⑥ 8; 72; 8

도전해 보세요   089쪽

① 4, 28, 98   ② 5, 9

---

① 2 : 7 ➡ □ : 14에서 후항에 2를 곱했으므로
전항에 2를 곱하면 □=4입니다.
2 : 7 ➡ 8 : □에서 전항에 4를 곱했으므로
후항에 4를 곱하면 □=28입니다.
2 : 7 ➡ 28 : □에서 전항에 14를 곱했으므로
후항에 14를 곱하면 □=98입니다.

② 어떤 수에 3을 곱해서 15가 되려면 어떤 수는 5이
고, 어떤 수에 3을 곱해서 27이 되려면 어떤 수는
9입니다. 따라서 5 : 9 ➡ 15 : 27이 됩니다.

14단계 같은 수로 나누는 비의 성질

배운 것을 기억해 볼까요?   090쪽

① (1) $\frac{4}{5}$, 0.8   (2) $\frac{7}{4}(=1\frac{3}{4})$, 1.75

②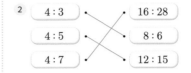

개념 익히기   091쪽

① 2, 1   ② 6, 3   ③ 5, 3
④ 6, 2   ⑤ 6, 9   ⑥ 1, 3
⑦ 2, 4   ⑧ 2, 4   ⑨ 5, 3

개념 다지기   092쪽

① 12, 14; 4   ② 5; 12, 18
③ 5, 7; 10   ④ 12; 6, 7
⑤ 9, 4; 9   ⑥ 12; 5; 12
⑦ 20, 50, 12, 30, 10, 25
⑧ 81, 54, 18

선생님놀이

③ 50 : 70의 전항을 10으로 나누었으므로 5이고,
후항도 10으로 나누면 7이에요.

⑧ 54 : 162의 전항을 어떤 수로 나누어 27이 되려
면 2로 나누어야 돼요. 따라서 후항도 같은 수 2
로 나누면 81이에요. 전항을 어떤 수로 나누어
18이 되려면 3으로 나누어야 돼요. 따라서 후항
도 같은 수 3으로 나누면 54예요. 전항을 어떤
수로 나누어 6이 되려면 9로 나누어야 돼요. 따
라서 후항도 같은 수 9로 나누면 18이에요.

개념 다지기   093쪽

① 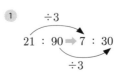   ②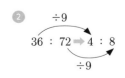

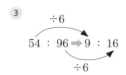
③
$\overset{\div 6}{54 : 96 \Rightarrow 9 : 16}$
$\underset{\div 6}{}$

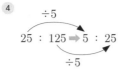
④
$\overset{\div 5}{25 : 125 \Rightarrow 5 : 25}$
$\underset{\div 5}{}$

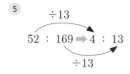
⑤
$\overset{\div 13}{52 : 169 \Rightarrow 4 : 13}$
$\underset{\div 13}{}$

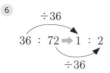
⑥
$\overset{\div 36}{36 : 72 \Rightarrow 1 : 2}$
$\underset{\div 36}{}$

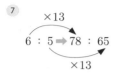
⑦
$\overset{\times 13}{6 : 5 \Rightarrow 78 : 65}$
$\underset{\times 13}{}$

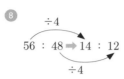
⑧
$\overset{\div 4}{56 : 48 \Rightarrow 14 : 12}$
$\underset{\div 4}{}$

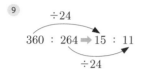
⑨
$\overset{\div 24}{360 : 264 \Rightarrow 15 : 11}$
$\underset{\div 24}{}$

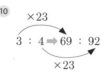
⑩
$\overset{\times 23}{3 : 4 \Rightarrow 69 : 92}$
$\underset{\times 23}{}$

선생님놀이

② 36 : 72의 전항과 후항을 9로 나누면 4 : 8이에요.

⑧ 56 : 48의 전항과 후항을 4로 나누면 14 : 12예요.

개념 키우기 **094쪽**

1 600

2 (1) 1 : 100000 (2) 5 (3) 1 : 50000

> 1 구슬 40개가 3000원이므로 구슬 8개의 값은
> 40 : 3000 ➡ 8 : □로 구할 수 있습니다.
> 전항을 5로 나눴으므로 후항을 5로 나누면
> □=3000÷5=600(원)입니다.
>
> 2 (1) 지도에서 2 cm가 실제 거리 2 km이므로
> 지도에서 1 cm는 실제 거리 1 km가 됩니다.
> 1 km=100000 cm이므로 이것을 비로 나타내
> 면 1 : 100000이고 이것이 지도의 축척입니다.
> (2) 지도의 축척이 1 : 100000이므로 실제 거리
> 5 km를 지도에서는 5 cm로 나타내면 됩니다.
> (3) 흥인지문에서 숭례문까지의 실제 거리는
> 5 km인데 이것을 10 cm로 나타낸다면
> 지도의 축척은 1 : 50000이 됩니다.

개념 다시보기 **095쪽**

1 4, 15 2 8, 4 3 5, 3; 16
4 7; 2, 12 5 4; 21; 4 6 12; 4; 12

도전해 보세요 **095쪽**

1 6, 4, 12 2 1 : 7

> 1 36 : 48 ➡ □ : 8에서 후항을 6으로 나눴으므로
> 전항을 6으로 나누면 □=6입니다.
> 36 : 48 ➡ 3 : □에서 전항을 12로 나눴으므로
> 후항을 12로 나누면 □=4입니다.
> 36 : 48 ➡ 9 : □에서 전항을 4로 나눴으므로
> 후항을 4로 나누면 □=12입니다.
>
> 2 0.7 : 4.9의 전항과 후항에 각각 10을 곱하여 자연
> 수로 고치면 7 : 49가 됩니다. 간단한 자연수의 비
> 로 만들기 위해 전항과 후항을 7과 49의 최대공
> 약수인 7로 나누면 1 : 7이 됩니다.

15단계 간단한 자연수의 비로 나타내기

배운 것을 기억해 볼까요? **096쪽**

1 (1) 8, 12 (2) 30, 42
2 (1) 3, 4 (2) 3, 4

개념 익히기 **097쪽**

1 3, 7 2 15, 23
3 12, 53 4 2, 8, 1, 4
5 5; 15, 5, 3, 1; 5 6 4, 3
7 15; 9, 5 8 42, 25; 60
9 3; 21, 24, 7, 8; 28 10 $\dfrac{11}{5}$, $\dfrac{1}{6}$, 66, 5; 30

1. 10; 5, 81; 10
2. 18; 3, 10; 18
3. 100; 31, 162; 100
4. 84; 72, 35; 84
5. 10, 7; 21, 49, 3, 7; 10, 7
6. 63, 5; 45, 35, 9, 7; 63, 5
7. 100, 18; 36, 54, 2, 3; 100, 18
8. 6, 72
9. 100, 34; 34, 170, 1, 5; 100, 34
10. 45, 4; 36, 40, 9, 10; 45, 4

선생님놀이

3　0.31 : 1.62를 간단한 자연수의 비로 나타내기 위해 전항과 후항에 100을 곱하면 31 : 162예요.

10　$\frac{4}{5} : \frac{8}{9}$ 을 간단한 자연수의 비로 나타내기 위해 분모 5와 9의 최소공배수인 45를 전항과 후항에 곱하면 36 : 40이에요. 36과 40의 최대공약수인 4로 전항과 후항을 나누면 9 : 10이에요.

1. 3 : 2

방법1 $0.9 : \frac{3}{5} \Rightarrow 0.9 : 0.6 \Rightarrow 9 : 6 \Rightarrow 3 : 2$ （×10, ÷3）

방법2 $0.9 : \frac{3}{5} \Rightarrow \frac{9}{10} : \frac{3}{5} \Rightarrow 9 : 6 \Rightarrow 3 : 2$ （×10, ÷3）

2. 8 : 5

방법1 $2.8 : 1\frac{3}{4} \Rightarrow 2.8 : 1.75 \Rightarrow 280 : 175 \Rightarrow 8 : 5$ （×100, ÷35）

방법2 $2.8 : 1\frac{3}{4} \Rightarrow \frac{28}{10} : \frac{7}{4} \Rightarrow 56 : 35 \Rightarrow 8 : 5$ （×20, ÷7）

3. 5 : 18

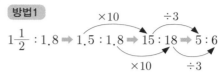

$\frac{7}{12} : 2.1 \Rightarrow \frac{7}{12} : \frac{21}{10} \Rightarrow 35 : 126 \Rightarrow 5 : 18$ （×60, ÷7）

4. 5 : 6

방법1 $1\frac{1}{2} : 1.8 \Rightarrow 1.5 : 1.8 \Rightarrow 15 : 18 \Rightarrow 5 : 6$ （×10, ÷3）

방법2 $1\frac{1}{2} : 1.8 \Rightarrow \frac{3}{2} : \frac{18}{10} \Rightarrow 15 : 18 \Rightarrow 5 : 6$ （×10, ÷3）

5. 4 : 3

방법1 $\frac{4}{5} : 0.6 \Rightarrow 0.8 : 0.6 \Rightarrow 8 : 6 \Rightarrow 4 : 3$ （×10, ÷2）

방법2 $\frac{4}{5} : 0.6 \Rightarrow \frac{4}{5} : \frac{6}{10} \Rightarrow 8 : 6 \Rightarrow 4 : 3$ （×10, ÷2）

6. 5 : 9

방법1 $1.25 : 2\frac{1}{4} \Rightarrow 1.25 : 2.25 \Rightarrow 125 : 225 \Rightarrow 5 : 9$ （×100, ÷25）

방법2 $1.25 : 2\frac{1}{4} \Rightarrow \frac{125}{100} : \frac{9}{4} \Rightarrow 125 : 225 \Rightarrow 5 : 9$ （×100, ÷25）

7. 3 : 8

방법1 $0.42 : 1\frac{3}{25} \Rightarrow 0.42 : 1.12 \Rightarrow 42 : 112 \Rightarrow 3 : 8$ （×100, ÷14）

방법2 $0.42 : 1\frac{3}{25} \Rightarrow \frac{42}{100} : \frac{28}{25} \Rightarrow 42 : 112 \Rightarrow 3 : 8$ （×100, ÷14）

8. 4 : 3

$3\frac{1}{3} : 2.5 \Rightarrow \frac{10}{3} : \frac{25}{10} \Rightarrow 100 : 75 \Rightarrow 4 : 3$ （×30, ÷25）

3 $\frac{7}{12}$: 2.1을 간단한 자연수의 비로 나타내기 위해 먼저 2.1을 분수 $\frac{21}{10}$로 고친 후, 분모 12와 10의 최소공배수인 60을 전항과 후항에 곱하면 35 : 126이에요. 35와 126의 최대공약수인 7로 전항과 후항을 나누면 5 : 18이에요.

7 $0.42 : 1\frac{3}{25}$을 간단한 자연수의 비로 나타내기 위해 먼저 $1\frac{3}{25}$을 소수 1.12로 고친 후, 전항과 후항에 100을 곱하면 42 : 112예요. 42와 112의 최대공약수 14로 전항과 후항을 나누면 3 : 8이에요.

개념 키우기 **100쪽**

1 1 : 9

2 (1) 7 : 4　　　　(2) 7 : 3　　　　(3) 예나

1 감 한 개가 0.5 kg이고 수박 한 통이 4.5 kg이므로 두 과일의 무게의 비는 0.5 : 4.5입니다. 간단한 자연수의 비로 나타내기 위해 먼저 전항과 후항에 10을 곱하면 5 : 45입니다. 그리고 전항과 후항을 5와 45의 최대공약수인 5로 나누면 1 : 9입니다.

2 (1) 물이 280 g이고 레몬청이 160 g이므로 물과 레몬청의 비는 280 : 160입니다. 간단한 자연수의 비로 나타내기 위해 전항과 후항을 280과 160의 최대공약수인 40으로 나누면 7 : 4입니다.

(2) 물이 $\frac{7}{10}$컵이고 레몬청이 $\frac{3}{10}$컵이므로 물과 레몬청의 비는 $\frac{7}{10}$: $\frac{3}{10}$입니다. 간단한 자연수의 비로 나타내기 위해 전항과 후항에 10을 곱하면 7 : 3입니다.

(3) 예나가 만든 레몬차의 물과 레몬청의 비는 7 : 4이고, 준성이가 만든 레몬차의 물과 레몬청의 비는 7 : 3입니다. 예나가 만든 레몬차에 레몬청이 더 많이 들어갔으므로 더 진합니다.

개념 다시보기 **101쪽**

1 3, 16; 10

2 4, 5; 10

3 36, 90, 2, 5; 100, 18

4 28; 21, 24, 7, 8; 3

5 100, 13; 39, 65, 3, 5; 100, 13

6 33, 2; 22, 18, 11, 9; 33, 2

도전해 보세요 **101쪽**

1 1 : 6

2 2

1 $0.625 : 3\frac{3}{4}$을 간단한 자연수의 비로 나타내기 위해 $3\frac{3}{4}$을 소수로 고치면 3.75입니다.
또 0.625 : 3.75의 전항과 후항에 1000을 곱하면 625 : 3750입니다. 따라서 전항과 후항을 625와 3750의 최대공약수인 625로 나누면 1 : 6입니다.

2 $\frac{3}{5}$: 1.5 = □ : 5에서 $\frac{3}{5}$: 1.5를 간단한 자연수의 비로 나타내기 위해 $\frac{3}{5}$을 소수로 고치면 0.6입니다. 또 0.6 : 1.5의 전항과 후항에 10을 곱하면 6 : 15입니다. 후항이 5가 되려면 3으로 나눠야 하므로 전항과 후항을 3으로 나누면 2 : 5입니다.

16단계 비례식의 성질

배운 것을 기억해 볼까요? **102쪽**

1 4, 5, 32, 40

2 (1) 9, 10　　　　(2) 1, 5

개념 익히기 **103쪽**

1 9, 9　　**2** 4, 4　　**3** 3　　**4** 9

⁵ 56　　　⁶ 8　　　⁷ 12　　　⁸ 9

① 6　　　② 4　　　③ 3
④ 24　　　⑤ 3　　　⑥ 8; 3, 2
⑦ 108　　　⑧ 20　　　⑨ $\frac{1}{3}$
⑩ 100, 6; 30, 12, 5, 2; 100, 6
⑪ 8　　　⑫ 3.6

선생님놀이

③ $5:\square=35:21$이므로 $\square\times35=5\times21$이에요.
따라서 $\square=5\times21\div35=3$이에요.

⑨ $9:3=\square:\frac{1}{9}$이므로 $\square\times3=9\times\frac{1}{9}$이에요.
따라서 $\square=9\times\frac{1}{9}\div3=\frac{1}{3}$이에요.

① 18
$\frac{2}{3}\times\square=15\times\frac{4}{5}$
$\frac{2}{3}\times\square=12$
$\square=12\div\frac{2}{3}$
$\square=12\times\frac{3}{2}$
$\square=18$

② 56
$5\times\square=8\times35$
$5\times\square=280$
$\square=280\div5$
$\square=56$

③ 12
$11\times\square=2\times66$
$11\times\square=132$
$\square=132\div11$
$\square=12$

④ 3
$\frac{1}{6}\times\square=2\times\frac{1}{4}$
$\frac{1}{6}\times\square=\frac{1}{2}$
$\square=\frac{1}{2}\div\frac{1}{6}$
$\square=\frac{1}{2}\times6$
$\square=3$

⑤ 40
$1.7\times\square=34\times2$
$1.7\times\square=68$
$\square=68\div1.7$
$\square=40$

⑥ 0.1
$35\times\square=7\times0.5$
$35\times\square=3.5$
$\square=3.5\div35$
$\square=0.1$

⑦ 20
$7.2\times\square=48\times3$
$7.2\times\square=144$
$\square=144\div7.2$
$\square=20$

⑧ 21
$\frac{1}{7}\times\square=0.5\times6$
$\frac{1}{7}\times\square=3$
$\square=3\div\frac{1}{7}$
$\square=3\times7$
$\square=21$

⑨ $\frac{5}{7}$
$21\times\square=1\frac{2}{13}\times13$
$21\times\square=\frac{15}{13}\times13$
$21\times\square=15$
$\square=15\div21$
$\square=\frac{5}{7}$

⑩ 5
$1.6\times\square=\frac{2}{3}\times12$
$1.6\times\square=8$
$\square=8\div1.6$
$\square=5$

선생님놀이

⑤ $\square:34=2:1.7$이므로 $\square$를 구하기 위해 내항의 곱 34×2를 1.7로 나누어 주면 40이에요.

⑩ $\frac{2}{3}:1.6=\square:12$이므로 $\square$를 구하기 위해 외항의 곱 $\frac{2}{3}\times12$를 1.6으로 나누어 주면 5예요.

① 200　　　② 1.5
③ (1) $1.6:2=\square:1800$　(2) 2880
　　(3) $2\times\square$　　(4) 1, 440

① 구하고자 하는 바닷물의 양을 $\square$라 하면
$10:250=8:\square$입니다. $\square=250\times8\div10=200$
이므로 200 L가 필요합니다.

② 구하고자 하는 실제 거리를 $\square$라 하면
$1:50000=3:\square$입니다. $\square=50000\times3\div1$
$=150000$이므로 150000 cm=1.5 km가 됩니다.

③ (1) 구하고자 하는 피라미드의 높이를 $\square$라고
하면, 막대의 높이는 1.6 m, 막대 그림자의
길이는 2 m이고 피라미드 그림자의 길이는

1800 m이니까 1.6 : 2=□ : 1800이 됩니다.

(2) 1.6 : 2=□ : 1800에서 외항의 곱은
1.6×1800=2880입니다.

(3) 1.6 : 2=□ : 1800에서 내항의 곱은
2×□입니다.

(4) 2×□=2880이므로 □=2880÷2=1440가
됩니다. 피라미드의 높이는 1440 m=1 km
440 m입니다.

---

① 9, 9　　　　② 35, 35
③ 16　　　　④ 49
⑤ 2　　　　⑥ 13
⑦ 9　　　　⑧ 8

---

① 해설참조　　　　② 20 : 27

---

① 4 : 6=14 : 21은 4×21=6×14로 외항과 내항의
곱이 같으므로 비례식이 될 수 있습니다. 이 외
에도 4, 6, 14, 21을 이용한 다양한 비례식을 만
들 수 있습니다.

② ★×0.3=●×$\frac{2}{9}$를 비례식으로 나타내면 ★ : ●
=$\frac{2}{9}$: 0.3이 됩니다. 간단한 자연수의 비로 나타
내기 위해 0.3을 분수로 고치면 $\frac{3}{10}$입니다. $\frac{2}{9}$
: $\frac{3}{10}$에서 전항과 후항에 90을 곱하면 20 : 27입
니다.

17단계 주어진 양을 비례배분하기

① (1) 12　(2) 28　　　② (1) 7　(2) 8

---

① 2, 7
② 4, 4, 20 ; 3, 3, 15
③ 3, 3, 288 ; 2, 2, 192

---

① $32×\frac{3}{3+5}$, $32×\frac{5}{3+5}$; 12, 20

② $54×\frac{2}{2+4}$, $54×\frac{4}{2+4}$; 18, 36

③ $100×\frac{3}{3+7}$, $100×\frac{7}{3+7}$; 30, 70

④ $81×\frac{7}{7+2}$, $81×\frac{2}{7+2}$; 63, 18

⑤ $128×\frac{1}{1+3}$, $128×\frac{3}{1+3}$; 32, 96

⑥ $84×\frac{6}{6+1}$, $84×\frac{1}{6+1}$; 72, 12

⑦ $120×\frac{7}{7+5}$, $120×\frac{5}{7+5}$; 70, 50

⑧ $99×\frac{2}{2+9}$, $99×\frac{9}{2+9}$; 18, 81

선생님놀이

 81을 7 : 2로 비례배분하면
$81×\frac{7}{7+2}=81×\frac{7}{9}=63$이고
$81×\frac{2}{7+2}=81×\frac{2}{9}=18$이에요.

 120을 7 : 5로 비례배분하면
$120×\frac{7}{7+5}=120×\frac{7}{12}=70$이고
$120×\frac{5}{7+5}=120×\frac{5}{12}=50$이에요.

---

① 45, 5 ; $50×\frac{9}{9+1}=50×\frac{9}{10}=45$,
$50×\frac{1}{9+1}=50×\frac{1}{10}=5$

② 12, 24 ; $36×\frac{2}{2+4}=36×\frac{2}{6}=12$,

$$36 \times \frac{4}{2+4} = 36 \times \frac{4}{6} = 24$$

③ 6, 36; $42 \times \dfrac{1}{1+6} = 42 \times \dfrac{1}{7} = 6,$

$42 \times \dfrac{6}{1+6} = 42 \times \dfrac{6}{7} = 36$

④ 84, 60; $144 \times \dfrac{7}{7+5} = 144 \times \dfrac{7}{12} = 84,$

$144 \times \dfrac{5}{7+5} = 144 \times \dfrac{5}{12} = 60$

⑤ 21, 20; $\dfrac{3}{4} : \dfrac{5}{7} = 21 : 20$

⑥ 108, 81; $189 \times \dfrac{4}{4+3} = 189 \times \dfrac{4}{7} = 108,$

$189 \times \dfrac{3}{4+3} = 189 \times \dfrac{3}{7} = 81$

⑦ 240, 160; $400 \times \dfrac{3}{3+2} = 400 \times \dfrac{3}{5} = 240,$

$400 \times \dfrac{2}{3+2} = 400 \times \dfrac{2}{5} = 160$

⑧ 310, 155; $465 \times \dfrac{10}{10+5} = 465 \times \dfrac{10}{15} = 310,$

$465 \times \dfrac{5}{10+5} = 465 \times \dfrac{5}{15} = 155$

선생님놀이

④ 144를 7:5로 비례배분하면

$144 \times \dfrac{7}{7+5} = 144 \times \dfrac{7}{12} = 84$이고

$144 \times \dfrac{7}{7+5} = 144 \times \dfrac{5}{12} = 60$이에요.

⑥ 189를 4:3으로 비례배분하면

$189 \times \dfrac{4}{4+3} = 189 \times \dfrac{4}{7} = 108$이고

$189 \times \dfrac{3}{4+3} = 189 \times \dfrac{3}{7} = 81$이에요.

 개념 키우기   **112쪽**

① 72, 48   ② 10

③ (1) 80   (2) 50, 30   (3) 1500

① 120을 3:2로 비례배분하면

큰 상자: $120 \times \dfrac{3}{3+2} = 120 \times \dfrac{3}{5} = 72$(개),

작은 상자: $120 \times \dfrac{2}{3+2} = 120 \times \dfrac{2}{5} = 48$(개)입니다.

② 하루는 24시간이고 낮의 길이는 전체의 $\dfrac{5}{5+7}$이

므로 $24 \times \dfrac{5}{5+7} = 24 \times \dfrac{5}{12} = 10$(시간)입니다.

③ (1) 직사각형의 둘레가

(가로)+(세로)+(가로)+(세로)=160(cm)이므로

(가로)+(세로)=80(cm)입니다.

(2) 80 cm를 5:3으로 비례배분하면

가로: $80 \times \dfrac{5}{5+3} = 80 \times \dfrac{5}{8} = 50$(cm),

세로: $80 \times \dfrac{3}{5+3} = 80 \times \dfrac{3}{8} = 30$(cm)입니다.

(3) 액자 면의 넓이는 (가로)×(세로)이므로

$= 50 \times 30 = 1500 (\text{cm}^2)$입니다.

개념 다시보기   **113쪽**

① $12 \times \dfrac{1}{1+2}$, $12 \times \dfrac{2}{1+2}$; 4, 8

② $28 \times \dfrac{3}{3+1}$, $28 \times \dfrac{1}{3+1}$; 21, 7

③ 16, 48   ④ 24, 36

⑤ 65, 104   ⑥ 36, 90

⑦ 162, 54   ⑧ 60, 45

도전해 보세요   **113쪽**

① 204, 85   ② 48, 80

① 289를 12:5로 비례배분하면

(가): $289 \times \dfrac{12}{12+5} = 289 \times \dfrac{12}{17} = 204 (\text{cm}^2),$

(나): $289 \times \dfrac{5}{12+5} = 289 \times \dfrac{5}{17} = 85 (\text{cm}^2)$입니다.

② $\dfrac{3}{8} : \dfrac{5}{8}$를 간단한 자연수의 비로 나타내기 위해

전항과 후항에 8을 곱하면 3:5입니다.

따라서 128을 3:5로 비례배분하면

$128 \times \dfrac{3}{3+5} = 128 \times \dfrac{3}{8} = 48$이고

$128 \times \dfrac{5}{3+5} = 128 \times \dfrac{5}{8} = 80$입니다.

반지름을 2배 하고 원주율을 곱하면
$12×2×3.1=74.4(cm)$예요.

 반지름은 14 cm이고, 원주율은 3.14이므로
반지름을 2배 하고 원주율을 곱하면
$14×2×3.14=87.92(cm)$예요.

◀ 배운 것을 기억해 볼까요?   **114쪽**

① 8, 4

② (1) 3.6   (2) 1.44

개념 익히기   **115쪽**

① 8, 3, 24   ② 5, 3, 15
③ 7, 3, 21   ④ 13, 3, 39
⑤ 12, 3.1, 37.2   ⑥ 4, 3.1, 12.4
⑦ 9, 3.1, 27.9   ⑧ 10, 3.1, 31

개념 다지기   **116쪽**

① 4, 3.1, 24.8   ② 7, 3.1, 43.4
③ 8, 2, 3.14, 50.24   ④ 5, 2, 3.1, 31
⑤ 14, 2, 3.1, 86.8   ⑥ 12, 2, 3.14, 75.36
⑦ 10, 2, 3.14, 62.8   ⑧ 9, 2, 3.14, 56.52

선생님놀이

 반지름은 7 cm이고, 원주율은 3.1이므로
반지름을 2배 하고 원주율을 곱하면
$7×2×3.1=43.4(cm)$예요.

반지름은 12 cm이고, 원주율은 3.14이므로
반지름을 2배 하고 원주율을 곱하면
$12×2×3.14=75.36(cm)$예요.

개념 다지기   **117쪽**

① 62   ② 43.96   ③ 74.4
④ 130.2   ⑤ 49.6   ⑥ 6.5
⑦ 87.92   ⑧ 94.2

선생님놀이

 반지름은 12 cm이고, 원주율은 3.1이므로

개념 키우기   **118쪽**

① 36   ② 219.8
③ (1) 37.2   (2) 43.4   (3) 6.2

① 반지름은 6 cm이고 원주율은 3이므로
$6×2×3=36(cm)$입니다.
② 지름은 70 cm이고 원주율은 3.14이므로
$70×3.14=219.8(cm)$입니다.
③ (1) 안쪽 경주로의 곡선 구간은 트랙 안쪽의 반원
부분 2개를 합한, 지름이 12 m인 원의 원주
와 같습니다. 지름이 12 m이고 원주율은 3.1
이므로 $12×3.1=37.2(m)$입니다.
(2) 바깥쪽 경주로의 곡선 구간은 트랙 안쪽의 반
원 부분 지름에 양쪽으로 1 m씩 더한, 지름이
14 m인 원의 원주와 같습니다. 지름은 14 m
이고 원주율은 3.1이므로 $14×3.1=43.4(m)$
입니다.
(3) 안쪽 경주로와 바깥쪽 경주로의 직선 구간
의 거리는 같지만 곡선 구간의 경우 43.4-
37.2=6.2(m)로 바깥쪽 경주로가 더 길기 때
문에 6.2 m 앞에서 출발해야 합니다.

개념 다시보기   **119쪽**

① 7, 3, 21   ② 9, 3, 54
③ 13, 3.1, 40.3   ④ 14, 2, 3.1, 86.8
⑤ 31.4   ⑥ 37.68

6 원주는 34.54 cm이고, 원주율은 3.14이므로
반지름을 구하기 위해 원주를 원주율로 나누고
2로 나누면 34.54÷3.14÷2=5.5(cm)예요.

도전해 보세요 **119쪽**

1 628

2 16

1 지름이 50 cm인 원의 원주만큼 4바퀴 움직였으
므로 50×3.14×4=628(cm)가 됩니다.

2 원주 49 m 60 cm의 단위를 m로 고치면 49.6 m
입니다. 지름을 □라고 하면, □×3.1=49.6이
므로 □=49.6÷3.1=16이 됩니다.

19단계 원주율을 이용하여
지름, 반지름 구하기

◀ 배운 것을 기억해 볼까요? **120쪽**

1 (1) 0.21　　(2) 8

2 (1) 30　　(2) 18

개념 익히기 **121쪽**

1 18, 3, 6　　　　2 39, 3, 13

3 21.6, 3, 7.2　　4 44.1, 3, 14.7

5 34.1, 3.1, 11　　6 55.8, 3.1, 18

7 46.5, 3.1, 15　　8 65.1, 3.1, 21

개념 다지기 **122쪽**

1 15.5, 3.1, 2.5　　2 40.3, 3.1, 2, 6.5

3 27.9, 3.1, 2, 4.5　　4 43.4, 3.1, 2, 7

5 18.6, 3.1, 2, 3　　6 34.54, 3.14, 2, 5.5

7 12, 2, 3.14, 75.36　　8 81.64, 3.14, 2, 13

선생님놀이

3 원주는 27.9 cm이고, 원주율은 3.1이므로
반지름을 구하기 위해 원주를 원주율로 나누고
2로 나누면 27.9÷3.1÷2=4.5(cm)예요.

개념 다지기 **123쪽**

1 12　　　　2 4　　　　3 31

4 12　　　　5 10　　　　6 5.8

7 17　　　　8 15

선생님놀이

3 원주는 96.1 cm이고, 원주율은 3.1이므로
지름을 구하기 위해 원주를 원주율로 나누면
96.1÷3.1=31(cm)예요.

8 원주는 94.2 cm이고, 원주율은 3.14이므로
반지름을 구하기 위해 원주를 원주율로 나누고
2로 나누면 94.2÷3.14÷2=15(cm)예요.

개념 키우기 **124쪽**

1 11

2 18

3 (1) 16　　　　(2) 12　　　　(3) 4

1 원주는 66 cm이고 원주율은 3이므로 반지름은
66÷3÷2=11(cm)입니다.

2 55.8÷3.1=18(cm)로 원형 시계의 지름은 18 cm
이므로 상자의 가로, 세로의 길이는 최소한 18 cm
보다는 길어야 합니다.

3 (1) 원주는 50.24 cm이고 원주율은 3.14이므로
50.24÷3.14=16(cm)입니다.

(2) 원주는 37.68 cm이고 원주율은 3.14이므로
37.68÷3.14=12(cm)입니다.

(3) 기둥의 가장 굵은 부분의 지름은 16 cm이고,
가장 가는 부분은 12 cm이므로 지름의 차는
16-12=4(cm)입니다.

① 21, 3, 7   ② 48, 3, 2, 8
③ 68.2, 3.1, 22   ④ 80.6, 3.1, 2, 13
⑤ 14   ⑥ 4

도전해 보세요   **125쪽**

① 187   ② 25, 12.5

> ① 원주가 51 cm이고, 원주율이 3인 원의 지름은
> 51÷3=17(cm)입니다. 이러한 원 5개를 둘러
> 싸고 있으니까 (원주)+(지름)×8을 계산하면
> 51+17×8=187(cm)가 됩니다.
> ② 원주 78 m 50 cm를 m로 고치면 78.5 m가 됩니다.
> 원주율은 3.14이므로
> 원의 지름은 78.5÷3.14=25(m)이고
> 원의 반지름은 78.5÷3.14÷2= 12.5(m)입니다.

20단계 원의 넓이 구하기

배운 것을 기억해 볼까요?   **126쪽**

① (1) 84   (2) 3

개념 익히기   **127쪽**

① 6, 6, 3, 108   ② 8, 8, 3, 192
③ 12, 12, 3, 432   ④ 9, 9, 3, 243
⑤ 10, 10, 3.1, 310   ⑥ 5, 5, 3.1, 77.5
⑦ 3, 3, 3.1, 27.9   ⑧ 7, 7, 3.1, 151.9

개념 다지기   **128쪽**

① 3, 3, 3.1, 27.9   ② 2, 2, 3.1, 12.4
③ 9, 9, 3.1, 251.1   ④ 8, 8, 3.1, 198.4
⑤ 5, 5, 3.14, 78.5   ⑥ 10, 10, 3.14, 314

---

⑦ 6, 6, 3.14, 113.04   ⑧ 8, 8, 3.14, 200.96

선생님놀이

🐰 ④ 반지름이 8 cm이고, 원주율은 3.1이므로 원의
넓이를 구하기 위해 반지름을 2번 곱하고 원주
율을 곱하면 8×8×3.1=198.4(cm²)예요.

🐰 ⑦ 지름이 12 cm이므로 반지름은 6 cm이고, 원
주율은 3.14예요. 원의 넓이를 구하기 위해 반
지름을 2번 곱하고 원주율을 곱하면 6×6×
3.14=113.04(cm²)예요.

개념 다지기   **129쪽**

① 3, 3, 3.1, 27.9   ② 49.6
③ 78.5   ④ 77.5
⑤ 144   ⑥ 11.128
⑦ 232.5   ⑧ 30.96

선생님놀이

🐰 ⑦ 큰 원에서 작은 원의 넓이를 빼요. 따라서 10×
10×3.1−5×5×3.1=310−77.5=232.5(cm²)예요.

🐰 ⑧ 정사각형에서 네 모퉁이의 사분원의 넓이를 빼
요. 사분원 4개를 모으면 반지름이 6 cm인 원이
에요. 따라서 12×12−6×6×3.14=144−113.04
=30.96(cm²)예요.

개념 키우기   **130쪽**

① 27.9
② 4.32
③ (1) 675   (2) 40   (3) 1200
   (4) 27   (5) 패밀리 사이즈

> ① 반지름이 3 m이고 원주율은 3.1이므로
> 3×3×3.1=27.9(m²)입니다.
> ② 지름이 2.4 cm이므로 반지름은 1.2 cm이고,

원주율은 3이므로 1.2×1.2×3=4.32(cm²)입니다.

③ (1) 지름이 30 cm이므로 반지름은 15 cm이고,
원주율은 3이므로 15×15×3=675(cm²)입
니다.

(2) 피자의 가격을 넓이로 나누면
27000÷675=40(원)입니다.

(3) 지름이 40 cm이므로 반지름은 20 cm이고,
원주율은 3이므로 20×20×3=1200(cm²)입
니다.

(4) 피자의 가격을 넓이로 나누면
32000÷1200 → 약 27(원)입니다.

(5) 라지 사이즈는 1 cm²당 40원이고, 패밀리 사
이즈는 1 cm²당 약 27원이므로 패밀리 사이
즈를 주문하는 것이 더 이익입니다.

개념 다시보기 **131쪽**

① 10, 10, 3, 300   ② 8, 8, 3, 192
③ 6, 6, 3.1, 111.6   ④ 2, 2, 3.1, 12.4
⑤ 12.56   ⑥ 314

도전해 보세요 **131쪽**

① 232.5   ② 9

① 지름이 10 cm인 원의 넓이와 지름이 20 cm인 반
원의 넓이를 합을 구하면 됩니다.
$5 \times 5 \times 3.1 + 10 \times 10 \times 3.1 \times \frac{1}{2} = 77.5 + 155$
$= 232.5(\text{cm}^2)$

② 반지름의 길이를 □라 하고, 원의 넓이를 구
하면 □×□×3.1=251.1이므로 □×□
=251.1÷3.1=81입니다. 2번 곱해서 81이 되는
수는 9입니다. 따라서 반지름은 9 cm입니다.

그동안
수고하셨어요!

MEMO

연산의 발견 12권

지은이 | 전국수학교사모임 개념연산팀

초판 1쇄 인쇄일 2020년 9월 21일
초판 1쇄 발행일 2020년 9월 25일

발행인 | 한상준
편집 | 김민정 · 강탁준 · 손지원 · 송승민
삽화 | 조경규
디자인 | 김경희 · 김성인 · 김미숙 · 정은예
마케팅 | 강점원
관리 | 김혜진
종이 | 화인페이퍼
제작 | 제이오

발행처 | 비아에듀(ViaEdu Publisher)
출판등록 | 제313-2007-218호(2007년 11월 2일)
주소 | 서울시 마포구 연남동 월드컵북로6길 97(연남동 567-40) 2층
전화 | 02-334-6123 전자우편 | crm@viabook.kr
홈페이지 | viabook.kr

ⓒ 전국수학교사모임 개념연산팀, 2020
ISBN 979-11-89426-76-7 64410
ISBN 979-11-89426-64-4 (전12권)

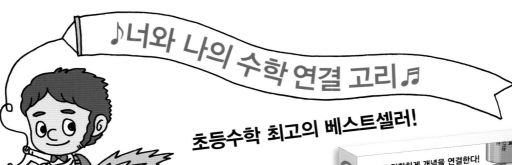

'빨리 그리고 많이'가 아닌 '제대로 그리고 최소한'으로 최대의 효과를 얻다!

연산의 새로운 발견!

 ❶ 개념의 연결을 통해 연산을 정복한다!
학생 스스로 부족한 부분이 어디인지 쉽게 발견하여
자기주도적으로 복습 혹은 예습을 할 수 있습니다.

 ❷ 현직 교사들이 집필한 최초의 연산 문제집!
교육 경험이 도합 80년 이상 되는 현직 교사들이 현장감과 전문성을 살려,
문제를 풀며 저절로 개념을 연결시키는 연산 프로그램을 만들었습니다.

❸ 계산 실수 0%, 선생님놀이
답이 맞았다고 해도 풀이 과정을 말로 설명하지 못하면 개념을 이해하지 못한 것입니다.
부모님이나 친구 등에게 설명을 하는 문제를 통해 개념을 완전히 내 것으로 만들 수 있습니다.

❹ 문제를 직접 써보는 필산 문제
 필산은 계산의 경로가 기록되기 때문에 실수를 줄이고 논리적 사고력을 키워줍니다.
말로 설명하고 손으로 기록하면 개념을 완벽하게 이해할 수 있습니다.

❺ '빠르게'가 아니라 '정확하게'
충분히 생각하면서 문제를 풀도록 시간에 제한을 두지 않았습니다.
속도는 목표가 될 수 없습니다. 이해가 되면 속도는 자연히 따라붙습니다.

❻ 학생의 인지 발달에 맞는 문제 분량
아이들의 발달 단계에 따라 개념이 완전히 내 것이 될 수 있도록
학년별로 적절한 수의 문제를 배치해 '최소한'으로 '최대한'의 효과를 낼 수 있도록 했습니다.

❼ 문제 중간에 튀어나오는 돌발 문제
반복적으로 나오는 문제를 기계적으로 풀지 못하도록 중간중간 엉뚱한 돌발 문제가 출몰합니다.
어떤 문제를 맞닥뜨려도 해결해나가는 힘을 기를 수 있습니다.

 ❽ 일상의 수학을 강조한 문장제
일상에서 벌어지는 다양한 상황이 문제로 제시됩니다. 창의력과 문제해결능력을 향상시켜
계산 능력에 그치지 않고 수학적으로 생각하는 힘을 키워줍니다.

KC 마크는 이 제품이
공통안전기준에
적합하였음을 의미합니다.

연산의 발견12권 값10,800원

ISBN 979-11-89426-76-7
ISBN 979-11-89426-64-4 (세트)